科 学 年 少

培养少年学科兴趣

量子谜团大冒险

[意]里卡多·波希西奥

[意]托马索·科尔提

[意]卢卡·加洛普

[意]马泰奥·塔里亚布维　著

孙阳雨　译

湖南科学技术出版社

·长沙·

© Scienza Express edizioni, Trieste

Prima edizione in *scienza junior* aprile 2021

Riccardo Bosisio, Tommaso Corti, Luca Galoppo, Matteo Tagliabue

Quanti e misteri

Copertina di Nicole Vascotto

Illustrazioni di Anna Civello

ISBN 979-12-80068-18-7

推荐序

北京师范大学副教授　余恒

　　很多人在学生时期会因为喜欢某位老师而爱屋及乌地喜欢上一门课，进而发现自己在某个学科上的天赋，就算后来没有从事相关专业，也会因为对相关学科的自信，与之结下不解之缘。当然，我们不能等到心仪的老师出现后再开始相关的学习，即使是最优秀的老师也无法满足所有学生的期望。大多数时候，我们需要自己去发现学习的乐趣。

　　那些看起来令人生畏的公式和术语其实也都来自于日常生活，最初的目标不过是为了解决一些实际的问题，后来才被逐渐发展为强大的工具。比如，圆周率可以帮助我们计算圆的面积和周长，而微积分则可以处理更为复杂的曲线的面积。再如，用橡皮筋做弹弓可以把小石子弹射到很远的地方，如果用星球的引力做弹弓，甚至可以让巨大的飞船轻松地飞出太阳系。那些看起来高深的知识其实可以和我们的生活息息相关，也可以很有趣。

　　"科学年少"丛书就是希望能以一种有趣的方式来激发你学习知识的兴趣，这些知识并不难学，只要目标有足够的吸引力，你总能找到办法去克服种种困难。就好像喜欢游戏的孩子总会想尽办法破解手机或者电脑密码。不过，学习知识的过程并不总是快乐的，不像游戏中那样能获得快速及时的反馈。学习本身就像耕种一样，只有长期的付出才能获得回报。你会遇到困难障碍，感受到沮丧挫败，甚至开始怀疑自己，但只要你鼓起勇气，凝聚心神，耐心分析所有的条件和线索，答案终将显现，你会恍然大悟，原来结果是如此清晰自然。正是这个过程让你成长、自信，并获得改变世界的力量。所以，我们要有坚定的信念，就像相信种子会发芽，树木会结果一样，相信知识会让我们拥有更自由美好的生活。在你体会到获取知识的乐趣之后，学习就能变成一个自发探索、不断成长的过程，而不再是如坐针毡的痛苦煎熬。

曾经，伽莫夫的《物理世界奇遇记》、别莱利曼的《趣味物理学》、加德纳的《啊哈，灵机一动》等经典科普作品为几代人打开了理科学习的大门。无论你是为了在遇到困难时增强信心，还是在学有余力时扩展视野，抑或只是想在紧张疲劳时放松心情，这些亲切有趣的作品都不会令人失望。虽然今天的社会环境已经发生了很大的变化，但支撑现代文明的科学基石仍然十分坚实，建立在这些基础知识之上的经典作品仍有重读的价值，只是这类科普图书品种太少，远远无法满足年轻学子旺盛的求知欲。我们需要更多更好的故事，帮助你们适应时代的变化，迎接全新的挑战。未来的经典也许会在新出版的作品中产生。

希望这套"科学年少"丛书带来的作品能够帮助你们领略知识的奥秘与乐趣。让你们在求学的艰难路途中看到更多彩的风景，获得更开阔的眼界，在浩瀚学海中坚定地走向未来。

目　录

楔子

今天是入夏以来第一个酷热难耐的日子。

午后的闷热让大人们不得不拉下百叶窗把自己关在家中，要么就是窝在冷气十足的办公室里。屋外的城市就好像《彼得潘》中的梦幻岛，只有小孩子在游荡。小孩子们可感受不到炎热。学期结束后过了一周，想想还有一整个夏天在等着自己，他们就能陶醉得不可自拔。打球，骑车，一头扎进湖里，享受三个月的纯粹休闲时光。对于这些孩子来说，让他们想象这一切的结束似乎有些强人所难，就算努力尝试如此，他们的思绪大概也会在中途不知飘去何方了。

通往城外的公路上三辆自行车呼啸而过。领头的是法比奥，十岁，梳着时尚发型，戴着黑框眼镜，骑着一辆山地车，车后用黄夹子挂着一面旗子，旗面不断拍打着。法比奥后面的是一辆鲜红色越野自行车，骑车的是达维德，也是十岁，正全神贯注地追上好朋友的车速。

被甩在最后面的是一辆怪异的小轮车，但分辨不出具体的自行车型号。

法比奥转过头，发现小轮车比之前落得更远了。"加油，彼得罗！"他喊道，"快点骑啊！"

听到这声音，彼得罗被刺激到了。他跟达维德和法比奥并不太熟。虽说是同一所学校的同学，之前也就顶多打过一声招呼，说过几句话。他痛恨落后，但之前没来得及调好自行车的刹车，所以不论怎么用力蹬车都会被刹车拖了后腿。他低下头，更加卖力地踩起踏板。

"我们还要走多远？"彼得罗在费力追上另外两个人之后问道。他们已经要出城了。

"我们可以去小河边，先到岔道那里去。"达维德回答他说。

三人来到岔路中间，被一棵高大的木兰枝丫笼罩着，他们开始动手调整彼得罗的自行车。

彼得罗的父亲是一名机械师。不久前彼得罗突发奇想要自己改装自行车，坚持了几个月之后，父亲终于带他去了一个负责报废自行车的老人那里，买到了所有他想要的零部件，还没花多少钱。改装工作完成后，他真的对结果感到十分满意，心情很激动。

这辆改装车的原型是一款基本型号的自行车，是他的七岁生日礼物，不过如今已经面目全非了。他一点一滴地用一个零件又一个零件塑造着属于他自己的小轮车，朝着脑中构想好的目标前进——史上最佳特技小轮车。彼得罗为改装花了不少时间，目前已经接近完成。他换了更轻的车架，拆了塑料脚踏板换上了铝制的，上面还有锯齿，能更好地与鞋底接合。他还改装了链条的传动系统，安装了悬架和减震器。在其他孩子看来这不过是一辆报废品，一辆自行车中的"弗兰肯斯坦"，但实际上却是一个工程学和"回收艺术"的微型杰作。好吧，它还有待调试，但彼得罗已经为此感到相当自豪了。那天法比奥和达维德问他要不要骑车兜一圈的时候，他正好在改装制动系统，特别是刹车线，他想让车把手能够360度转动而不影响刹车。

"各位，我现在就得试一下，你们跟我来！"

三人径直骑车来到一条小道，小道沿着溪流通向森林。他们气喘吁吁地骑了一阵，又是跳跃又是滑行，终于在一片空地上停了下来。

"哎，我打赌咱们现在肯定离神秘之家不远了。"达维德说。

镇上的孩子们给密林丛中的一座废墟起了这么个不太悦耳的名字。没人知道这座废墟具体在哪里，甚至有人都觉得它根本就不存在，但坊间还是流传着很多关于它的传说故事，说有的小孩子去找了之后就迷路了，有人还信誓旦旦地声称，那个地方会把方圆几千米之内的气体都吸收过来，像黑洞一样，人一旦靠近就会吸进去；还有人则坚信，有人曾经就在那栋房子里进行神秘的实验。这还只是关于那片废墟十几个故事版本中的其中几个，一个比一个神秘，也难怪会得名"神秘之家"。

"谁都不知道具体在什么地方，我们怎么去呀？"彼得罗的这个问题只能有一个答案：说得对，不知在什么地方，所以最好

楔子

还是算了吧。

达维德却讲起他表哥前几周刚去过，虽然发现纯属偶然。"他脸白得像蜡烛一样，再三让我保证绝对、绝对不能进去，甚至绝对不能去找。"达维德就这样发誓之后才让表哥开口说出了路线，但也只是因为他跟表哥保证说，他想知道路线只是为了避免在森林里骑车的时候误闯神秘之家。

达维德几乎确信自己听懂了要怎么去：首先要从皮亚韦路的土路进入森林，沿路一直走到快到尽头的地方，然后在看到供能电塔之后马上转到右侧的小路上，继续走上一段路程，绕过悬崖，最后来到长着一株木兰的岔路口。这时要选岔路的左侧走，继续前进，就能走到一条春夏两季近乎枯竭的人工河旁边。

三人跨上自行车，不到几分钟就来到了人工河旁边。河里只有一小道黑乎乎的泥水在缓慢流动着。

"咱们得沿着这条河一直走。"达维德声音略带颤抖，但法比奥与彼得罗二人都没有注意到，因为他们的注意力已然被很多其他想法和担忧占据了。下坡路车速很快，三人意识到的时候已经处于森林中一个十分茂密、隐蔽的地带，有种密不透风的感觉。他们离开城镇不过半个小时，却突然感觉在远离人烟的地方迷失了方向。

三人骑着车来到人工河里，开始在两指深的黑泥里卖力前进。黑泥向着山谷流动，慵懒得简直就像静止的一样，臭得像腐烂的腥鱼。就好像从地里吐出来的污秽之物全都聚集在那泥泞又腐烂的河流中一样。有那么一瞬间，彼得罗产生了一个奇怪的想法，他想象或许仅是迟疑上一秒钟，黑泥就会开始吞噬他和他的自行车，就像流沙一样。他试图将这一想法驱逐出自己的大脑，但没成功，他便开始更加卖力地蹬车。

"咱们还得接着往前走，走到左手边有一棵烧焦的大橡树的地方。"

几分钟之后，烧焦的大橡树就在他们眼前现了真形。

这棵树，或者说这棵树留下来的部分，真是奇大无比。估计树龄不会低于四五百年，而且肯定熬过了不少严冬酷暑、洪涝干旱。这棵树庞大的根系硬得就像大理石一样，依旧完好地扎根于泥土中，向人们展示着一棵曾经看似永恒、无可匹敌的巨型植物。可是相对地，它的树干则已经从其中一段开始死亡，形成一个空洞，被闪电从头至尾完全贯穿，击成两半，在瞬间四分五裂，让人又感受到残酷的现实。

"好，"达维德说，"从现在开始要步行前进。"

三人于是把自行车停靠在被掏空、烧焦的大橡树树干旁，然后转身走进了森林。

他们走得越深，植物就越茂密，好像在包裹着他们，将他们与世界分割开来，抓着他们脚腕，要把他们拖到地下，拉入无尽的深渊。

不一会儿橡树就在他们身后消失了。不论他们转向什么方向，总是荆棘、灌丛的勾刺。

"你确定知道我们在往哪儿走对不对，达维德？我们不会是迷路了吧……"彼得罗小声问道。强行挤出的玩笑口吻并不能掩盖他越发严重的焦虑感。找到神秘之家的想法现在看起来已经不那么好玩了。

法比奥已经快要哭出来了。就算他们处于乐观的情况下，这也是迷失在毫无人烟的地方，连一滴水都没带；而最坏的情况则是，他们正在向着一个人们谈之色变、汗毛倒竖的地方前进。

于是他决定着眼于当下唯一一件英明的事：紧盯另外两个朋友，一秒都不能错过。他当然不想独自身处那片对他表示出敌意的森林里。裸露干枯的树枝就像兽爪一样，似乎随时准备在他分神的一刹那将他掠走。

从他们扔下自行车之后已经过去多久了？几分钟吗？几小时吗？彼得罗无从回答。唯一能确定的一点是太阳开始西下，用诡异的光束照着这片森林。他背后腾起一阵寒意。然后他忽然意识到气温也在下降，比离开城里时低了许多，不像之前那么燥热了。

几分钟前他就已经注意到周围树皮上有用刀子划出的奇怪痕迹了。他从没见过类似的情境，也不解其中含义，可他十分怀疑一点：这些痕迹会召唤什么，看起来就像某个组织的标志一样。

三人越是深入树林，痕迹出现的频率就越高。其中有一些甚至用红漆上了颜色，是深红色的油漆。

达维德停下了脚步，法比奥和彼得罗撞到了他身上，因为他们本来就挨得很近。

"到了。"

彼得罗抬起目光。过了好一会儿他的腿才开始听使唤。原来真的存在，而且就在那里，离他们只有二十来米的距离，没有想象中的那么大。这是一座小型废弃房屋，曾是石头建的，就像彼得罗以前和父母去山里玩的时候见过的那十几座一样。父亲当时说，当地的农民和牧民都将弃房当作仓库来用。不过眼前这个废墟跟以前那些不一样，它像被一团黑光笼罩着。而且最令人不安的一点是，这种包裹着建筑的恶气似乎是它自身散发出来的，就像某种喷发物那样。

彼得罗看向达维德和法比奥："就是这里！我们找到了！"

另外两人不约而同地点了点头，然后又不约而同地弱声答道："好吧！现在我们该回家了！"

可是就在那时，彼得罗正感受到一股无法抗拒的能量在心中膨胀起来，于是他惊讶地应声："什么呀？不对，不对，我们好不容易找到神秘之家了，我想进去看看里面！"

彼得罗觉得自己就像分裂了一样：一半的自己不由自主地被吸引，但同时另一半的自己又在怒吼着说这种想法光是说出声就已经够疯狂的了。

"你疯——疯了吗！"达维德结巴地说。他根本不敢相信那个看似文弱内向的小男孩真的想亲自走进神秘之家。"要是他们讲的故事的其中某一个是真的，怎么办？"

但彼得罗此时决心已定，说道："小题大做！我们这么办吧：我就进去看一眼，你们在这里等我。要是有什么不对劲的地方我就大叫然后开始逃跑，你们俩也跟着跑。"

他连二人的回答都等不及就转身走向了神秘之家。

走了几步之后他又补充了一句，感觉就像自言自语，但声音又大到足以让法比奥和达维德听见："没有什么好怕的。"这是在让他们安心，也是在给自己鼓气。

又走了两步之后彼得罗心中的底气就瞬间消失了，完全被不安取代，让他全身战栗起来。越接近神秘之家，他的腿就抖得越厉害，但事已至此他肯定不能打退堂鼓了。

离得很远的法比奥和达维德时刻盯着彼得罗的一举一动。有时树叶的沙沙声或是被风吹动的树枝发出的声音都会让他们吓得惊跳。

彼得罗到了入口处，面前是一扇已经腐朽的木门。他转过身去看两名同伴，但也只是迟疑了这一瞬间。他慢慢地用手掌触碰那扇破旧的门，然后轻轻推开。木门发出了强烈的吱呀声，就像是用指甲在旧黑板上划过一样。

下一个瞬间，彼得罗就进到里面去了。

时间一分一秒地过去，他的周围几乎已经全黑了。

达维德和法比奥不知道该做些什么。彼得罗没有再将门打开。他们也应该进去看看情况吗？

时间流逝得异常缓慢。他已经进去多久了？十分钟吗？半小时吗？还是更久？

"我们也进去吧。"法比奥做出了决定。达维德点了点头，尽管他感到双腿软成了一滩泥，还是开始向着半掩着的门前进，彼得罗就消失在那扇门之后。二人都僵住了，心脏疯了似的跳着，嘴里干渴难耐。然后，他们看见了彼得罗。

他就像真的遇到了一样——遇到了怪物，活生生的怪物。

"哎，彼得罗！停下！发生什么了？为什么花了这么长时间？"

"你们离远点儿！"彼得罗喊道，"别碰我！"

他没有停止奔跑，跑到二人身边然后又超过了他们，一直注意着与他们之间保持一定距离，然后一头扎进森林里，向着大橡树和自行车奔去。

"彼得罗，能不能告诉我们到底发生了……"

"快跑！离开这儿！别接近我，发生什么都别接近我！"

三人回到停放自行车的地方。他们顺着河离开，回到了原先的路线上，然后一直骑回了来时的土路上。达维德和法比奥不停

楔子

地向彼得罗询问发生的事情，但彼得罗一直保持在沉默状态中。

三人回到了城里，然后解散，各自踏上了自己回家的路。

整整一个夏天，法比奥和达维德都没有再见到彼得罗了。

第一章 有人消失了

闹铃发出尖锐的声音。彼得罗在黑暗之中向着床头柜伸出胳膊。拍空了几回之后他终于抓到了手机，获得了五分钟安静时间，接着他再次陷入昏沉的睡眠之中。

也就过了三十秒，一秒不多一秒不少，闹铃声就再次刺入他的大脑。

"如果当真时间不存在，时间只是幻觉，"彼得罗想，"那得有人把这事告诉闹钟和手机才行。"

同样的场景又上演了两次之后，彼得罗终于投降了。他缓慢而艰难地站起身来。他双腿瘫软，双眼还有点睁不开，头发缕缕竖起。他先走去卫生间，然后去厨房吃早餐。

跟往常一样，在厨房等着他的是摆好的餐食和他妈妈留给他的纸条，因为彼得罗每次起床的时候，他妈妈都已经出门一个多小时了，所以喜欢这样向他表达早安的问候。

也许是托面包片带来的碳水化合物的福，又或者是巧克力酱的糖分以及纸条上亲切的话语，每天早上都是早餐比闹铃更能让彼得罗真正清醒过来。

吃完早餐，情绪恢复之后，彼得罗穿好衣服，抓起书包就冲下楼梯，向着公交站直奔而去。彼得罗上高中一年级不到一个月的时间。他非常喜欢上学。老师们和蔼可亲，有问必答。课程也很有意思，尤其是科学类的学科。目前他满足于和爱丽莎、弗朗切斯科的友谊，他只和这两人熟识，因为初中的时候他们就是一个班的。

彼得罗之前一直梦想着上应用理科高中[1]，不过要是当时完全由他来决定的话他也不会选择现在的学校，这所高中是附近唯一一所有应用理科课程的高中，但是这是一所私立学校，彼得罗知道家里的经济困难，尽管他妈妈一直在极力隐瞒这一事实。所以他之前从来没和任何人提起过这一愿望。

但后来拉皮埃尔老师跟他谈了一次。拉皮埃尔老师是彼得罗初中的数学和科学老师，他告诉彼得罗说他妈妈希望他能报考这所私立高中："该考虑钱的问题的人不是你。你只管去做自己喜欢、自己擅长的事就可以了。"

公交车缓缓地到了终点，车内的学生背着书包都下车了，公交车才继续行驶。

学生们从公交车出来之后，在广场上四散而去。有人去咖啡馆，有人去长椅上坐着，有人去小商店买东西。彼得罗则径直走向学校。他正要跨过学校大门，从眼角余光看到了爱丽莎父亲的

---

1 译者注：意大利高中分成文科高中、理科高中、艺术高中、外语高中等。其中理科高中可以选择应用理科类，学生可以更深入地接受数学、物理、化学、生物、地球科学等方面的教育。

车刚刚停下。彼得罗本想喊爱丽莎的名字，但想到什么之后又作罢了。爱丽莎在早上从来没有好脾气，今天看起来比平常更加怒气冲冲。

彼得罗走进教室，教室里空无一人。他坐到自己的座位上，从书包里掏出自然科学的课本。过一会儿，杰拉尔迪老师会带他们去实验室，带他们做人生中第一个实验，彼得罗实在等不及了。

同学陆续进了教室，彼得罗翻动着书本，猜测老师会选择哪个实验让他们做，同时还想象着等他长大了在欧洲核子研究组织（CERN）或在大萨索山（Gran Sasso）的实验室里，带领着科学家团队进行一个可能改变整个地球命运的项目。

突然一只手将他的书拍打了下来，差点儿掉到地上，打破了他的幻想。

"彼得罗！预备铃都还没打，你就已经开始学习了？"

是爱丽莎——

***

"爱丽莎，快起床！我不会再说第二遍了！我今天不能再因为你迟到了！"早上的时候，爱丽莎的爸爸叫醒她。

"那你走开吧，让我安安静静在这里待着，别打扰我！"她说出这句话了吗？还是只是想了一下？抑或是在做梦？

"爱丽莎，快点起床了！"

她站起来，但也只是为了不用再听父亲的怒吼而已。

厨房里，姐姐伊雷妮已经快吃完早饭了。

"你先去洗脸！"母亲喊道，眼神还是像往常一样好像在说"你怎么就不能像你姐姐一样？"

于是爱丽莎瞬间就失去了胃口。

"五分钟之后我就出发，你要还没准备好就等着看怎么收场吧。"父亲从走廊里喊道。

"行，行，我准备还不行……"

或许她说出口的是"你们烦不烦？"

她从衣柜里取出心爱的牛仔裤，掉色的 T 恤衫和开线的帽衫，然后蹬上破旧发白的运动鞋，最后背上她那满是洗不掉的乱涂乱画印迹的书包。

"好了，我来了。"她嘟囔着。

"哎，宝贝，"母亲抱怨说，"为什么老是穿得像个野人似的？你长得那么好看，多注意一点形象。"

"爸爸，走吧。"

"你终于能走了！"

父亲这一路上还是老一套的教诲、抱怨和人生指导的大杂烩，爱丽莎每天早上都在祈祷上学路程能够尽可能地短一些，可是时间只会跟她对着干，像是看她笑话。

"人类研究时间也是白费功夫。"爱丽莎这样想，这时父亲正在重复他说过无数回的话："我们再怎么想抓住时间，它都会不知不觉地从指缝中溜走，永远在骗我们。"

正是父亲说服爱丽莎应该报考这所高中的。

"女孩就要有学科专长。"他有过这样的发言，而且不存在任何理由能让他改变想法。

爱丽莎却无法忍受这所学校，在来来往往的学生里，要么是一批自恃清高的人，要么就是一群"妈宝"，每天最大的任务就是跟别人炫耀最新款的手机，然后盯着社交软件上的粉丝数，计算什么时候才能超过同学。这所高中唯一的优点就是周六没有课，这和她以前上初中不一样。

"好好表现，别跟以前一样，第一天就让全校都认识了你。"

"我会当好你的公主的。"爱丽莎回答，下车之后很快关上了车门。

她不想马上就进教室，因为没吃早饭肚子很饿。所以她径直走向了广场上的小咖啡馆。平时她从不涉足那一地带，因为这个时间那里总是挤满了学校里那些高傲的学生，以及那些穿着打扮最受欢迎的学生，不过今天她是由空空如也的胃说了算。

现在爱丽莎身边净是笑声、自拍以及虚情假意的奉迎恭维，她只能努力不把吃进去的牛角面包和咖啡再吐出来。

再次来到店外后，她深吸了一口气缓了缓缺氧的状态，然后发誓下次还是要吃饱饭再出门。走向学校大门的时候，爱丽莎的眼神落在了人行道上一片干枯的树叶上。这是秋天的第一片落叶，发灰的树叶周围依旧是夏日的光景：太阳刚升起不久，阳光就打在她身上，却没能让她充满能量与活力，反倒像是要灼伤她一样。

爱丽莎掏出手机，一边蹲下身去给树叶拍照，一边后悔没把相机带出来。

爱丽莎很喜欢摄影，喜欢捕捉那些短暂的奇妙瞬间。在那些瞬间里，光线、主体和情绪融合为一个整体，聚集在精确又无法复制的那一瞬间，这时她会感到自己正在享受注意到这些细节的特权。

"嘿，你干嘛呢？给树叶拍照吗？"声音从爱丽莎肩膀上传来，然后引起一阵哄笑。

爱丽莎转过身去，看到说话的人是三年级 B 班的埃里克，身边围着几个跟他一样蠢的学生。爱丽莎不急不恼地将手机摄像头对准埃里克的脸说："就像这样。"然后拍了张照片。之后她站起身，淡定地走向学校，而她身后埃里克的朋友们已经笑疯了，开始管埃里克叫"树叶"。

爱丽莎进教室的时候里面只有寥寥数人。彼得罗端坐在自己的位置上，翻看着科学课的教材。爱丽莎悄悄地接近他，然后猛地推了一把他手中的书，吓他一大跳。

"彼得罗！预备铃都还没打，你就已经开始学习了？"

"没有，我就是想……"

爱丽莎拿出手机给彼得罗看了一段好玩的视频。她喜欢跟彼得罗待在一起。只有彼得罗和弗朗切斯科是和她聊得来的朋友。

也只有他们两个人不像其他人一样，成天装腔作势、自以为是。

弗朗切斯科跑进教室之后没过几分钟上课铃就响了。他看起来很慌张，不停地挥舞着手中的报纸，断断续续地讲述着关于一个失联的人、一场绑架、一个未解之谜……但他说得太快了，别人根本听不懂。最后他终于指着报纸上的一篇文章给他们看，上面有一张照片，照片上是一名男性。这时，爱丽莎的注意力从弗朗切斯科的词海里转移到了彼得罗的反应上：他在看到报纸的瞬间就变了脸，显得无比苍白。

就好像看到了一个幽灵一样。

＊＊＊

弗朗切斯科的母亲走进儿子的房间，拉开百叶窗。微弱的光线打在墙上贴着的海报上，海报的内容是弗朗切斯科最喜欢的几部电影：《大侦探福尔摩斯：诡影游戏》《普通嫌疑犯》和《迷魂记》。被光照亮的还有几本散落在书桌上的书，作者分别是帕特里夏·康韦尔、阿加莎·克里斯蒂和乔治·西默农[2]。

她并不需要特意叫醒弗朗切斯科。听到百叶窗发出的第一下响声的时候，弗朗切斯科就从床上蹦了下来。一般来说，这种事情绝无仅有，这种奇特的清晨也是绝无仅有。其实就在前一天，警察来过他家楼里，打开了楼下邻居一个叫柯西莫·蓬泰科尔沃

2　译者注：这三个人分别是美国侦探小说家、英国侦探小说家和法国侦探小说家。

的人的家门。

破门的理由很快就公之于众了：柯西莫·蓬泰科尔沃整整失踪八天了。社区里的人都没有察觉到这一点。蓬泰科尔沃是个十分古怪的人，总是独来独往——警察过来敲门调查的时候母亲这样说——居民很少能在楼梯之类的地方碰到他，就算碰到了也不会互相打招呼。确实没有人具体知道他到底是个什么人，在做什么工作。但他也从来不会打扰别人，所以其实是个理想的邻居。这些就是全部信息了，总之就像个隐形人。

失踪的消息和警察的出动立即牵动了弗朗切斯科的神经。这不就是现实版的侦探小说吗！就在自己楼里！他已经能想象到之后所有大大小小新闻媒体的头条标题了——"十四岁男孩揭开邻居失踪真相"。

弗朗切斯科的父母费了好大功夫才让他定住神，然后让他保证绝不会在无关的事情上插手。可惜努力都白费了，他就像是某乐队的狂热乐迷发现乐队的队长就住自己隔壁一样，根本控制不住。父母也知道这一点，他们太了解自己的儿子了，现在只希望一切将要发生的事都能快点结束。或许几小时后他们就得到消息，说蓬泰科尔沃只是去马尔代夫度了个假，没告诉别人而已。然后大家放心地舒口气，街坊邻里在电梯里笑一笑，一切就能迅速恢复如初。

但是事情并没有这样展开。

那天早上他们几乎是用蛮力才把弗朗切斯科从蓬泰科尔沃房门前拉开的，然后答应他可以把当地主要报纸和杂志都买一份，这才好不容易把他劝到学校上学。

弗朗切斯科想要看看这些报刊上有没有关于这件事的报道，但只在一个夹在中间的小地方找到了蓬泰科尔沃失踪的新闻简述，以及一些个人基本信息和警察在前一日采取的行动，然后呼吁看见过他或者其他知情者积极提供信息，其实没什么重要的东西。但弗朗切斯科还是好好地将这篇简讯保存好，然后逐字逐句地细细研究。

任何一个细节都有可能成为关键，成为他调查的起始点。

随报道一起附上的还有一张蓬泰科尔沃的照片。照片并不是最近才照的，里面的男人皱着眉，眼神阴郁。他的面容仿佛在表达着什么，或许是因为突出的颧骨，又或是因为空洞的双眼，令人感到十分不安。

刚一进教室，弗朗切斯科就冲向正在看手机的爱丽莎和彼得罗，把报纸伸到他们眼前摇晃。

《对话报》社会新闻：失踪八日的柯西莫·蓬泰科尔沃……

第二章　彼得罗揭秘

　　整整一天，爱丽莎都在反复琢磨着彼得罗的表情，当时他在看到报纸的一瞬间就变得阴沉无比。她本想问问清楚，但老师就在这时候进入教室开始上课了，这让她错失了机会。所以爱丽莎决定等到明天再问。

　　第二天早上彼得罗还是看起来像受了打击一样。

　　"你今天怎么了？"他刚进教室爱丽莎就过来问。

　　"没事。"

　　"那昨天呢？"

　　"什么？"

　　"我也不知道，这两天你表现得怪怪的。"

　　"没什么，就是有点——"

　　"头疼？肚子疼？担心全球变暖？不知道该怎么在追求绝对真理的科学抱负和服从大多数人决定的民主政治理想之间寻找平衡？还是说头发分叉了？"

　　"都有点儿吧……"

　　两人乐了起来，气氛也没那么紧张了。

　　"我跟你说，尤其是头发分叉让我相当烦恼。"

　　"还有，奇怪的是这些都在你看到报纸那张照片的瞬间爆发了。"爱丽莎又补了一句。

彼得罗再次脸色煞白,他没说任何话就直接走开了。一整个早上他都躲着爱丽莎,下午也不回电话不回短信。

两人之间的隔墙足足等了三天才终于倒塌。

"行吧,"彼得罗在出校门的时候投降了,"我跟你讲实情,但你得发誓不能跟其他任何人说。"

"好的。"

"好什么呀?"

"我发誓。"

"你发誓什么?"

"天哪!你怎么这么疑神疑鬼!我,爱丽莎·莫尔特尼,精神健康、身体正常,以我手中这本老旧发黄的《约婚夫妇[1]》的名义严肃发誓,为了保证彼得罗的人身安全和国家完整,绝不会向任何人透露彼得罗即将讲述的军事机密。行了吧?咱能继续了吗?"

"你好搞笑。"

"然后呢?"

然后彼得罗开始讲述他的故事。

六年前的某一日,小学老师带着他们一起去到郊外的森林里,给同学们展示科学课上如何辨别花的雌蕊、雄蕊、花冠和子房。

1　译者注:意大利作家亚历山德罗·曼佐尼创作的长篇历史小说

午餐休息的时候，彼得罗稍微走远了一点。然后他就看到了一个奇怪的石头房子。

他起了一身鸡皮疙瘩，现在过去了这么多年他还是不明白为什么觉得毛骨悚然。不过与此同时他也被石头房子深深吸引了。

他决定再走近一些，进入石头房子一探究竟。

他永远也忘不了门开的一刹那发出的吱呀声，还有漂浮的灰尘和几束透进去的光亮，只能看清里面很小的一部分。他还记得墙上那些奇怪的黑色污迹，有重复的、擦除的、重新画上的，还有一些黑色的图形和十字图案。彼得罗多次在糟糕的梦中反复看见这些东西。

不过最记忆犹新的还是那个声响，是从地下室发出来的。

还有那道暗门以及那只猫，又或者是好几只猫，谁知道是从哪儿冒出来的，猫迎上来就要蹭彼得罗的裤腿。

他当时除了逃跑想不到别的了，逃得越远越好，找到其他人，假装自己从来没离开过人群。

结果他却发现自己的腿正在擅自接近那道暗门，他的右胳膊伸了出去，然后右手抓住了暗门的把手。

随之而来的就是刚刚提到的那个响声。听起来就像有人在说话，在呼唤他的名字。就是彼得罗的名字，不是其他任何人的名字。

然后他突然感到胳膊上一紧，一只冰凉的手抓着他。

量子谜团大冒险

"小孩，你在这儿干什么呢？"

彼得罗就要被吓昏过去了。他转过身去，看到一张阴郁的脸正盯着他。

"你不知道这里很危险吗？现在就可能被传染！过来，你得从这里出去！"

肾上腺素就在这一瞬间给了彼得罗力量，他挣脱了抓住他的手臂，跑了出去，直到和其他人汇合。

此后他从没向任何人提起过这段经历。

爱丽莎笑喷了。

"哈哈！就是个想吓你的人而已！喜欢捉弄小孩！"

"我就知道不该跟你讲的。"彼得罗嘟囔着，又气又恼。

"别别别，你那时候还小……自己一个人在森林里。别害羞嘛。要是我的话，可能都吓到尿裤子了呢。不过现在这么多年都过去了，你该同意我说的，那个人就只是拿你取乐罢了。"

"你当时又不在，你不懂。"

"这跟报纸上的新闻有关吗？"

"你还没明白吗？石头屋子那里出现的人就是蓬泰科尔沃。从那以后我就再没见过他，直到弗朗切斯科拿着报纸来的那天。我非常确信就是他，我永远也忘不了那张脸。"

这时候两个人的手机都震了一下。是弗朗切斯科发来的短信。"你们快来我家，有紧急情况！越快越好！"

第三章　捡来的纸箱

彼得罗十分担心，而爱丽莎则是疑心和好奇心兼有。两个好朋友响应弗朗切斯科的召唤，半小时之内就赶到了这位同班同学的家里。

"你们来，进来。我们去我的房间。我父母不在家，但不保证随时会回来！"弗朗切斯科紧张地说。

"你在搞什么鬼呢？"

"发生什么了？"

"你们快来，我给你们看。"

一进房间，弗朗切斯科就拿钥匙反锁了房门。然后他打开衣柜，挪开一大堆衣服，从中抽了个纸箱出来。

"我等你们一起开箱呢。"

"这是什么？"爱丽莎问。

"我一小时前在蓬泰科尔沃那个消失的家伙的门前拿来的。"

这时候彼得罗才注意到纸箱上有警方的封条。"你疯了吗！？"

"当时门前摆着好几箱东西。我就假装不在意接着上楼，然后等搬东西的人刚离开，我就钻进电梯里，里面放着一些包裹，我就迅速拿了眼前的一箱跑回来了。"弗朗切斯科讲述道，他已经兴奋到极点了。

"太酷了！"爱丽莎感叹。

"这是冒险。"彼得罗添了一句。

"就这么定了。"弗朗切斯科话不多说，破了封条，打开了箱子。

寂静在房间里持续了几秒。仿佛时间都要永远定格在了那一点上。

"这什么玩意？"

"真诡异。"

"我们拿出来吧。"

"小心点儿，弗朗切斯科！看起来很容易碎。"

"这到底是什么？"

"看起来就像什么玩具一样。"

"更像是学校的教具……"爱丽莎观察后说，"科技制作之类的东西。"

他们将那个东西拿出箱子后放在了地上。

它的基座是一块三合板，上面固定着一盏小灯泡，灯泡两端连着一节电池，电池也被固定在基座上。基座的另一端上安着一片黑色玻璃。中间和玻璃片平行的是三个塑料装置，彼此间隔很小。

角落上是一串签名，一个罗马数字，一个字母，一个日期和一个含义不明的图形。爱丽莎从不同角度给这个东西拍了照片。

弗朗切斯科仔细观察上面写的文字：

柯西莫·蓬泰科尔沃，Ⅳ[1]，1966 年 5 月 22 日。

旁边那个意义不明的图案看起来像个奇怪的动物，身体像鱼，但有四肢和喙。

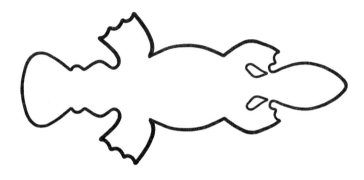

弗朗切斯科感觉应该在什么地方看到过这个图案，但又一时想不起来在哪里看到过。他将注意力转移到日期上，说道："我看报纸上说蓬泰科尔沃今年 63 岁。所以这个东西应该是他在小学四年级做的。"

"这个图案代表了什么呢？"

"我也不知道，但我相信……"

"我说，咱得把它放回纸箱然后还回去。"彼得罗说，"这不是咱们的东西。咱们这是在给自己惹事。"

1　译者注：罗马数字的 4。

026　　　　　　　　　　　　　　　　　　　　　　　　量子谜团大冒险

"不行！这是重要线索！"弗朗切斯科对自己的所作所为坚信不疑。

"什么线索啊？然后你想干什么？根据这个 50 年前的科学小发明推断出这个男人到底消失在何方？"彼得罗也不松口。

弗朗切斯科想不出什么反驳的话来了。

"嗯……确实，这也告诉不了咱们什么关于蓬泰科尔沃的事……"

"不一定，其实咱们还知道一些别的信息，"爱丽莎插话说，"警察都不一定知道……"

彼得罗瞬时用眼神看穿了爱丽莎："你答应好的！"

"答应什么？"弗朗切斯科立刻竖起耳朵问道。

"我答应他什么都不说出去。的确我觉得应该你对他亲口说，彼得罗。"

"对我说什么？"

"没什么——"

"彼得罗！这很重要，你还不明白吗？"

"那我更应该告诉警察才对，要真这么重要的话。"

"我求你们了，能不能给我解释一下到底在说什么？"弗朗切斯科失去了耐心。

第四章　隐藏着惊天秘密

彼得罗讲完之后，三人又陷入了沉寂。

弗朗切斯科反复思考着，手里转动着一根笔。这里面藏着惊天大事，他十分确信。

"哎，你怎么看？"爱丽莎问。

"他想吓唬彼得罗。"

"看见没？！"爱丽莎兴奋起来，转向彼得罗，"他也这么说！"彼得罗不回答，只是不断在摇着头，表示自己十分失望：他坚信事情绝不止如此。

"关键是要明白为什么，"弗朗切斯科接着说，"为什么要吓唬他？因为他不想让任何人接近那片区域吗？"

"只有一个办法能找到答案……"爱丽莎准备一语惊人。

"想都别想。"彼得罗粗鲁地打断了她，"根本不用商量。你们想都别想。我肯定不会再去那个地方了，你们也别去。"

弗朗切斯科接着大声地进行着他的推理，根本没注意到另外两人正在说的事情。

"前几天那个文章中说，蓬泰科尔沃是科技记者。他和很多网站合作，现在我们也知道了他从小就喜欢科学。这一切都说明，森林中间那个石头房子就是他的实验室。他在做一些秘密实验，没准是一些危险的实验……"

"又多了一个不能接近的理由。"彼得罗重申。

"你说他是一个科技记者，你找到过他文章里提到的人吗？"爱丽莎问。

"有一篇报道里提到过几个跟他合作的网站。我看了一眼，里面所有人都是用的笔名。我们得先查清楚哪个是蓬泰科尔沃。"弗朗切斯科又开始进行思维推演，不经意地转着笔，"下一步就是要去那个森林里的石头房子进行搜查。"他这样总结道。

"真的吗？我怎么就没想到呢？"爱丽莎嘲讽地说。

"你们疯了，"彼得罗又生气地重复了一遍，"我要走了。"

"哎！你等会儿！"弗朗切斯科跟上他。

"你不想跟我们来也行，至少先告诉我们怎么才能找到路吧。"爱丽莎也跟了上来。

"我忘了。"

"你撒谎。"

但彼得罗已经夺门而出了。

"现在怎么办？"弗朗切斯科问。

"他会告诉我们的。你等着，他最后肯定会告诉我们石头房子在哪儿的。"

"你怎么那么自信？"

"可能是出于我的直觉，但我觉得彼得罗没有跟咱们讲全关于那个地方的事，没说他去的那一天到底发生了什么。我们得有点儿耐心，最后他肯定会都说出来的。"

"那现在你去哪儿？"

爱丽莎回答的时候已经站在台阶上了，她神秘地说："我知道有个人能帮咱们解开这个故事的其中一环。"

第五章　重要分析

弗朗切斯科实在没有打算等待彼得罗继续倾吐，或者听爱丽莎转述。

回到自己房间后，他就再次拿出蓬泰科尔沃早年间制作的小发明研究起来。

他仔细地观察小发明的材料，用放大镜一点一点地筛查，然后刮掉了一部分漆，以便检查其中是否有什么特别之处，或许隐藏着什么秘密。他甚至为了调查蓬泰科尔沃在这个小发明上的签名而浏览了一个专门的书法签名网站。

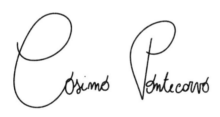

这位科学家一定是一个十分内向的人，不喜社交，生性多疑。

然后弗朗切斯科眼睛定格在了含义不明的图形上。他绝对见过，对此十分肯定。在哪儿看见的呢？他拿起放大镜又观察起这个图形来。

这是个奇怪的动物。他似乎能看出喙，掌蹼和扁扁的尾巴——喙、蹼、尾巴——是一只鸭嘴兽！肯定是，再明显不过了。为什么一开始没有想到呢？

这个图案折磨了弗朗切斯科一个下午。晚上睡觉的时候他做梦梦到自己浸在水里，被水獭、河狸、鸭子和穿着白衬衫游泳的奇怪人物包围着。

梦了一会儿之后弗朗切斯科醒了，他太兴奋了，还是起来接着研究为好。刹那间，他仿佛是被闪电击中一样，瞬间迸出思维的火花。

想起在哪儿见过那个图形了！

就在前几天他去参观过的科学基地！基地的地址是在杂志合作者其中一位的个人页面上找到的，图形就在笔名的旁边。原来蓬泰科尔沃喜欢用这个图形当作自己的第二签名啊。

"有意思，"弗朗切斯科想，"是不是因为用这个正好是半鱼半兽的动物来代表二元一体的特性呢？"

他想起两年前一次学校的探险。当时也是以一种动物——树懒为中心展开的解谜活动，而且也是作为一种精确的象征而出现的。这只鸭嘴兽绝不是偶然出现在这里或是仅仅为了标志原创性而出现的，应该有更深刻、更精确的含义。不过到底是什么含义呢？

弗朗切斯科决定先把这个问题暂且放在一边，然后他打开了电脑。现在他有了蓬泰科尔沃用来发表文章用的笔名作为重要线索，就可以把他写的文章全念一遍了！简直就是信息宝库！

他开始集中浏览蓬泰科尔沃为数个科学网站写的文章。大部分都是科技性质的，无法理解。还有一些则是讨论科学研究科学进步以及由此可能引发的危机。

其中有一篇尤其令弗朗切斯科备受震撼。

读完这篇文章之后，弗朗切斯科最终百分百确信了蓬泰科尔沃的失踪只不过是冰山一角罢了。

第六章　找寻外援

他像往常一样，在课程结束之后又在教员室里停留了许久，又忘记了吃午饭。

所有同事都已经回家了。秋日的太阳发出些许惨白的微光，通过半掩的卷帘窗照进来，给房间笼罩了一层暧昧不明的光线。空荡荡的走廊上只能听到下午值班的守门人的脚步声，正在巡视教室情况、清洁状况以及桌椅讲台的摆放问题。

现在这个时间就是这样，他沉浸在一种记忆与等待参半的奇怪思想氛围中，摇摆于在那些特定地点已经成为过去式的事情，和即将发生在同样地方的新事件之间。

拉皮埃尔老师看了一眼时钟，现在是 14 点 26 分。他决定该是时候填饱肚子了，待会儿再重新开始改数学课的随堂作业。他站起身来，将他的文件、圆珠笔、橡皮和铅笔收进磨旧了的皮质背包里，突然发现背后有人。

"不好意思，我要报考这所学校的话应该找谁？"

"你得明天早上再来，去秘书处。"

转过身的一刹那，拉皮埃尔的话语自动消融在了嘴里，他认出了眼前的这个女孩。

"爱丽莎！"

"老师好！"

随之而来的是微笑，以及"你过得好吗？""你还记得吗？"这样的寒暄。

"现在你想重新报考这里，是因为你的新学校有什么不好的地方吗？"

"嗯，别提了。"

但拉皮埃尔不是那种说不提就不提的人。爱丽莎知道这一点。所以最后还是全部跟他叙述了一遍。

"要有耐心，爱丽莎，需要耐心等待。这所学校当初也是你不喜欢来着，还记得吗？每天早上都拉着个长脸来上学。"

"是，但不一样——"

"还好不一样！没有变化就没有化学、生物和物理这些学科。生命也不存在！你也不存在。"

爱丽莎心想："好在老师您真是一点儿没变。"

拉皮埃尔总是在寻找能够激发学生对于科学学科热情的最好方法，让他们提出有意义的问题，产生求知的渴望。所以对于他来说方式并不重要，他可以在黑板上写出长长的公式，布置永无尽头的阅读作业，催促学生，给多个班级同时进行实验，发明谜语、解谜游戏，等等，到最后，每一名学生回家之后都能深信数学和科学还挺不赖的！

"那其他人呢？您还碰到谁了？"爱丽莎问。

"你别说，就在上周，卢克雷齐娅和加布里埃莱还来找我了呢。"

话题转向了爱丽莎以前的同学身上。他们一个一个地数着说。现在拉皮埃尔知道所有人的情况了。然后，他带着教师的职业微笑结束了对话："天色开始变暗了，过会儿我就该回家了。你要问什么得赶紧问，要不就来不及了。"

"什么？为什么您觉得我会……"

"我了解你，爱丽莎。"

"哎，行吧，其实……我想给您看一眼这个东西……"

爱丽莎从兜里拿出手机，然后给老师看了弗朗切斯科"借来的"蓬泰科尔沃的科学小发明。

"这是个什么东西？"爱丽莎问。

"这是双缝实验的还原作品。"拉皮埃尔看了一眼就立即答了出来。

"双什么？"

"双缝实验。你想听细节吗？具体说起来这话题几分钟之内肯定讲不清楚，但我可以给你大致说一说基本概念。或许现在在学校里我就能给你找到可能派上用场的资料。"

爱丽莎迟疑了一秒。她不太确定自己能不能清楚地听懂老师的解释。物理曾经一度将她卷入复杂又精彩的游戏里，她喜欢学物理，也下了不少功夫。但至今她仍然觉得无所适从，对她来说这门学科仍然显得很抽象，尽管出发点永远是现实。如果这时候弗朗切斯科和彼得罗也在的话肯定就没问题了。

"总之，关于这件事你也要有点儿耐心，爱丽莎。首先，我希望你能理解这项实验的价值。没错，因为双缝实验标志着物理学史上的一次转折点。这项实验掀起了一场真正的革命，由此被称为量子物理学的理论体系正式建立，与相对论理论一起被看作是'现代物理'的开端。"

"天啊，老师，开头就那么难！我听说过量子物理学，但不确定是不是真的理解量子物理学具体研究的是什么……"

"简单来说，量子物理学就是从微观角度，或者说是在原子、电子、质子和其他基础粒子特有的长度级别上，描述物质和辐射行为的理论。20世纪初，物理学家们发现当时的经典物理理论其实不适合解释在极小量级上观察到的一些物理行为，因此开始了新理论的探索历程，最终走向了发展量子物理学这个独一无二的理论系统的路上。"

"好的，老师……那为什么叫量子物理呢？"

"问得好！"拉皮埃尔微笑起来。"这并不是一个普通的问题。你看，根据经典物理学，也就是宏观世界的物理学，可观测的物体大小可以具有一系列连续、无限的值。比如说，你在测量发热时的体温时，测量结果可能是 37.5℃，或者 37.6℃，或者所有居于两者之间的无限的值。到这里明白吗？"

"嗯，老师，虽然我不太相信有体温计能给我测到37.5000001℃。"

"哈哈哈，没错，爱丽莎，测量工具又是另外一个问题。不过单纯想象你刚才说的体温是完全没有问题的，你要愿意的话，在其中还能想加多少个零就加多少个零。"

拉皮埃尔稍作停顿。爱丽莎从他的眼神中感受到这些话题在他心中激起了无限的热情。

"量子物理学中的情况就不一样了。就好像所有 37.5℃ 到37.6℃ 之间的值都被禁止了一样，体温只能从 37.5℃ 非连续地跳到 37.6℃，两个值之间精准地相差 0.1℃。现在说的体温只是一个例子，是为了让你能和你熟悉的物理学尺度进行类比。

"这种现象在 1900 年的时候由马克斯·普朗克（Max Planck）得出理论。普朗克是量子物理学的先驱者之一，他首先在微观量级上提出能量只能以'打包'的形式非连续地释放与吸收这一假设，'量子'一词指的也是这个意思。这就解释了量子物理学一词的由来。"

"哇，我还真不知道背后有这么多故事。所以，如果我没理解错的话，我们可以说经典物理中，物质的大小是以连续的形式出现的，而量子物理中则是以非连续的形式出现的，只能'打包'，只能以'量子'为单位……这样说对吗？这些和双缝实验之间有什么关联呢？"

"真厉害，爱丽莎！别担心，现在就该说到实验了。"

这时候爱丽莎做了个好玩的鬼脸，慢慢举起手，食指紧绷[1]。

"你还好吗？"老师问她。

"嗯，对不起，只是……如果您不介意的话，我想给彼得罗和弗朗切斯科打个电话。是我们一起找到这个小发明的，所以如果就像您说的，这很关键的话，我觉得他们也应该听听您的解释。"

"我们可以明天约着见一下，还是这个时间，你带他们一起来。对我来说再高兴不过了。然后你们也能给我好好讲讲你们现在到底在搞些什么名堂……"

---

1 译者注：意大利学生举手提问的时候习惯只举食指，其他手指握拳。

第七章 重要实验

彼得罗根本联系不上，就像失踪了一样，既不回短信也不露面。

弗朗切斯科则欣然答应，因为有个谜题要解，一个好的调查员当然知道要从各个角度出发观察，就像福尔摩斯一样，再明显不过。更何况他对物理研究和其他人一样也是充满热情的。

早上在学校度过的时光简直就是煎熬。彼得罗不在，可下午跟拉皮埃尔老师有约，弗朗切斯科念念不忘，时间好像永远也熬不完。

然后这一时刻终于到来了。爱丽莎和弗朗切斯科并肩从新学校走向老学校。路过的人就算不经意地瞥见他俩，也能感受到一股特殊的同谋气息：二人一路上不断交头接耳，眼神游移。

"弗朗切斯科！"拉皮埃尔用诚挚的热情迎接了他，然后立即连珠炮似的问了他一系列问题，一切都是为了能在他已经预见到的光明未来之上继续培养弗朗切斯科的发展道路。

"现在咱按老规矩来，我来说，你们来提问，然后你们自我检验。"

"好的。"爱丽莎和弗朗切斯科异口同声答应道。

"那么，作为引入，爱丽莎昨天给我看的是一个实验的还原作品。这项实验首次由托马斯·杨（Thomas Young）于两个多世纪以前的 1801 年实现。我给你们讲讲实验的'现代'版本，很多 20 世纪的物理学家都为此做出了贡献。新版本在 1976 年由三位意大利物理学家首次实现，分别是皮尔·乔治·梅利（Pier Giorgio Merli）、朱利奥·波齐（Giulio Pozzi）和詹弗兰科·米西罗利（Gianfranco Missiroli）。讲这个实验是因为这是理解量子力学的关键。"

两个年轻人目不转睛地盯着拉皮埃尔。

然后拉皮埃尔开始叙述起实验，不放过任何一个细节。他告诉两个学生，光，或者用更专业一点的术语讲叫电磁波，具有双重属性：首先它具有波动性，这一点只需观察光通过双缝后照亮屏幕的方式就能明白。这时我们能看到的光是明暗交替的条纹，也就是光波分别通过两个缝隙之后相互干涉的结果。与此同时，光也具有粒子性，即是说它是由称为光子——光的"量子"——的粒子组成的，我们可以通过向粒子探测器上发射极弱的光线，或者换句话说，每次只发射一个光子来观测这一点。

出乎人们意料的地方在于，这两个明显对立的属性真的同时存在，而具体表现出哪种属性取决于实验环境。由此，电磁波便成为量子力学二象性的代表，波动性和粒子性就像硬币的正反面一样。

拉皮埃尔彻底忘记了时间的流逝。他每次一有机会讲起吸引他甚至胜过吸引学生的话题时就会如此。讲到这里时，他问爱丽莎和弗朗切斯科："是不是太难了？"

"是挺难的，但也非常有趣。抱歉，我想问一下，这些二象性的话题又能说明什么呢？"

"这项实验首先就印证了波粒二象性的合理性。在量子力学中，每个粒子不能简简单单地就被当作粒子来看待，因为同时我们还要考虑到粒子的波动性。爱因斯坦曾经说过，粒子有时候表现得像粒子，有时候表现得像波，有时候又同时兼具两种属性。这一点十分难以理解，因为二者的描述方式是矛盾的。分别只考虑一种属性的话没办法解释光的特性，但合起来就可以了。"

弗朗切斯科听到这句话后，脸上露出了一丝微笑。二象一体，合二为一。总之，既像鱼，又像哺乳动物。新想法在他的脑海中逐渐开始成形了。他一边将爱丽莎拿给老师看的材料收回箱子里，一边问道："老师，您觉得这件双缝实验的复原品有可能是小学生做的吗？"

"唔，如果是小学生做的话，那这孩子绝对是个物理神童，未来的科学前景无限光明。谁做的？我认识吗？"

"嗯……实在抱歉，老师……这个我们真不能说。"

"你们全班都对物理和解谜感兴趣是不是？"

这时爱丽莎想起了卢克雷齐娅和加布里埃莱也来找过老师，也是在拉皮埃尔开始将桌上散落的材料收进背包里的时候急匆匆地来的。

"谁知道我们这兴趣是受谁影响的呢？卢克雷齐娅和加布里埃莱也是问物理的问题吗？"爱丽莎问。

拉皮埃尔露出了微笑，十分欣赏这个女孩的敏锐。

"而且你们全都有不能说的秘密……"然后冲她挤了挤眼。之后，拉皮埃尔将两名学生送到了门口，在大门前带着满意的微笑目送他们出去。

两人稍稍走远后，听到拉皮埃尔在他们身后喊道："爱丽莎，至少你要记得告诉我进展如何！"

"可是老师我说过了……我不能讲出去。"

"不是这事！要告诉我新学校的问题有没有改善！"

爱丽莎抬起一只胳膊，手握拳，拇指高竖，向曾经的老师致意。

第八章　双缝实验变成鸭嘴兽

"双缝实验……爱丽莎，我们已经接近谜底了。事情开始有眉目了。"

"我没跟上你说的，弗朗切斯科。"

爱丽莎和弗朗切斯科两人定好在上课之前先在咖啡馆见一面，彼得罗虽然不在这儿，但他们相信一旦他知道了这些新发现之后，肯定也会充满热情地加入他们的行列。

"你还记得蓬泰科尔沃小制作上的图形吗？"

"那个像什么动物的东西？"

"那是一只鸭嘴兽。蓬泰科尔沃至今也还在用这个图标，就好像是一种签名章。根据这个我查到了他在网上写科技文章用的笔名。"

"他的笔名叫什么？"

"薛定谔的猫。"

"谁的猫！？"

"薛定谔的猫。我之后再跟你讲，超级有趣，你可能做梦都想象不到。这个也跟量子物理有关，鸭嘴兽的图形也是，双缝实验也是，他写的大部分文章也是。"

"所以他就是一个量子物理学的学者。"

"对，不仅如此，我觉得他可能马上就要有新发现了，一项非同寻常的新发现，能掀起科学革命的那种。没准还有些危险。"最后这一句是他压低声音说出来的，尽管在这个时间，咖啡馆空无一人。

"为什么这么说？"

"你拿着这个。"

弗朗切斯科给她递了一张纸。

"这是什么？"

"蓬泰科尔沃最后发表的一篇文章。就是在消失前那天晚上发布的。我特意给你打印了一份。"

爱丽莎将文章折好放进了书包里。

"我一会儿再读。我现在想进教室看看能不能和彼得罗说上话。"

"你得说服他带咱们去神秘之家。我敢肯定蓬泰科尔沃就在那里做他的实验。"

第九章 猫、科学、蓬泰科尔沃

"想一想你们的身份：你们不是要像野兽一样活着，而是要追寻美德与知识。"

上面这句话是奥德修斯在但丁的作品中鼓舞同伴时说的。他希望说服他们，跟随他一起完成最后一次，也是最疯狂的一次壮举：跨越海格力斯之柱这一神祇给人制造的界限，一路航行至未曾有人挑战的远方。奥德修斯被求知的渴望、探索的欲望所驱使。这种对知识的渴望正是人类人性的标志，是无限的财富，同时也是一种考验。

五个月的南下航行让奥德修斯一行人划开了从未被探索的海水，看到了从未被人眼欣赏过的星辰。然后在天际线上，他们看到了一座山，看到了高耸的炼狱山，地上乐园就在山的顶端。然而凶猛的大自然就在那一瞬间挣开锁链，掀起风暴、飓风和漩涡，击毁他们的船只，然后用海水将他们吞噬，以一行人的傲慢为罪让他们付出生命的代价，且永无复生之时。

科学的界限是什么？科研的界限是什么？这个界限存在吗？如果存在的话，我们又从何而知？如果科学发现被用于邪恶之事，科学家是否应该受到谴责？

20世纪，多位伟大科学家因战争之事和广岛长崎原子弹巨大的破坏威力而受到影响，甚至忏悔曾经为揭示这种物质的奥秘而作出贡献。

但正如爱因斯坦所说，"人类制造了原子弹，但老鼠永远不会制造捕鼠器……当今的问题不在于核能，而在于人心。"

这位 20 世纪物理学的代表人物那时已经独具前瞻性，他深刻地了解到，我们的根源问题永远不是科学本身，而是人类对科学进行错误利用的可能性。

就算科学进步真的对人类发展毫无益处甚至会带来毁灭性的后果，这也不能也不应该成为阻挡创新与发展的科学研究活动的绊脚石。

因此，现代科学家的任务即是，超越但丁笔下的奥德修斯，跨越对知识的渴求，全面了解自己科学研究的极限，然后以此来战胜人类的无知与残忍。

薛定谔的猫

"这是什么东西？"彼得罗读完，就好奇问道。

爱丽莎和弗朗切斯科面面相觑，谁也不说话，都等着对方先开口。

那天早上课间的时候，二人提出要在彼得罗家一起准备第二天的数学测验。但显然他们真正的目的是要说服彼得罗带他们去神秘之家。

"我就知道。"彼得罗在正确理解了两个好朋友的沉默后低吟道，"我就知道这些都是借口，什么准备数学测验啊。这回你们还特意安排在我家，这样我就不能提前走了。不过要赶你们两个走也不过是两分钟的事情。我早就说过了，我不会再参与跟这个事件有关的任何活动了。你们也别再给自己添麻烦了！"

"哎呀，彼得罗，这是蓬泰科尔沃发表的最后一篇文章。他在消失前的那一个晚上登在网上的——"

"我说过我不感兴趣！"

"你也不想知道他笔名为什么叫'薛定谔的猫'吗？"

"不想。"

其实这时候彼得罗在说谎。他对这个笔名相当感兴趣，但他就算受好奇心折磨也不能说出来。"这种对知识的渴望正是人类人性的标志，是无限的财富，同时也是一种考验。"蓬泰科尔沃的文字在彼得罗的脑海中再次浮现。

"你知道吗，薛定谔是一位物理学家……"

"反正你说我也不听。"彼得罗马上打断了弗朗切斯科的话，假装忙着做数学题，但其实耳朵已经竖起来了。

"他尤其热爱量子物理学，就像我们的蓬泰科尔沃一样。他想象了一个实验，实验的主要对象是一只猫，目的是要解释量子物理在日常生活中引发的种种悖论。在这一实验的特定环境中，如果我们要应用量子力学的法则来回答'猫是死是活'这一简单问题的话，那我们就必须得说'猫处于死与活的叠加态'。"

"你是听不懂吗？"彼得罗忍无可忍，"你们还要试探多少次！？你们得离这个事件远一点！尤其是要离神秘之家越远越好！你们不是读了蓬泰科尔沃的文章了吗？如果他真的在进行危险的实验怎么办？"

"关于这一点我们还不清楚，"弗朗切斯科说，"也许他正要完成什么伟大的新发现呢。"

"那又怎么样？警察已经接手了，你们俩没有任何理由继续捣乱了。"彼得罗看起来十分不想听解释，"我只能说我们应该远离森林里的那个地方！"

"别呀，彼得罗，你再好好想想！现在是你的恐惧在说话，不是你的大脑！"弗朗切斯科这样回应。

"他想说的是……"爱丽莎也开始插嘴。

"我不需要你来翻译，我听明白他想说什么了。"

"大家都冷静一下！彼得罗，弗朗切斯科只是在试图告诉你……"

"够了！你们招我烦了！走吧！你们两人都走吧！我不想再看到你们了！我跟你们无话可说了！"

"原谅我们……我们只是想……"

"给我立刻消失！"

第十章　暗门下面

彼得罗躺在床上，肚皮朝天，双手交叉放在脑后，目光盯着屋顶。不过短短几分钟，愤怒就让位给了那样对待爱丽莎的羞耻感。他根本未曾想过要赶她走，反倒是从前一阵子开始他就感到需要她在自己身边，虽然很奇怪但事实的确如此……

随之袭来的就是那天在森林里的回忆，墙上的图形、奇怪的响声……他并没有忘记，记忆就在那里，就像前一天刚发生的一样，一些细节终于变得清晰了：他在神秘之家墙上看到那些奇怪的墨迹画其实都是猫！直到现在彼得罗才真正重现当时的画面。直到现在他才明白那些奇怪的、重复的、被 X 记号划掉又重新覆盖的图形画的都是同一种形状——猫。那可能是一种绘画游戏，做游戏的人大概十分享受自己和自己"聊"一个让他激情澎湃的话题的过程。选择了孤独的科学家以此来表达自己不那么合群的想法。彼得罗不自觉、不自愿地开始想象这样一幅画面：物理学家蓬泰科尔沃带着满意的微笑跟踪着那些前一秒还在活蹦乱跳，下一秒就四脚朝天的猫。在意识到自己思维游走方向的瞬间，彼得罗跳起来冲向电脑，输入了"薛定谔的猫"几个字，然后找到一段简洁明了的解释。

"薛定谔的猫"是奥地利物理学家埃尔温·薛定谔（Erwin

Schrödinger）于 20 世纪 30 年代阐述的一项思想实验，目的是展示量子物理学的一些局限性。我们可以想象，有一个铅利的箱子、少量放射性物质（比如铀 238）、一只可以显示放射性物质辐射的盖革计数器、一把锤子和一小瓶毒药。锤子连接着盖革计数器，形成一个相互作用的装置：当盖革计数器探测到辐射存在的时候，锤子就会下落，打碎装有氰化物的毒药瓶，让有毒空气充满箱子。

现在我们接着想象箱子在被关闭以后我们看不到任何箱子内部发生的事情。铀作为一种放射性物质，它的其中一个原子可能会在箱子关闭之后自然衰变。我们说"可能"衰变是因为这一事件具有不确定性：没人能够准确预测到它的发生。假设铀衰变释放辐射的概率是 50%，而不衰变不释放辐射的概率也是 50%。

一小时之后，理论上讲我们可以验证到两种概率相等的情况：

- 如果原子释放了辐射，装有氰化物的瓶子就会被打破，这时猫就是死的。
- 如果原子没有释放辐射，那毒药瓶就还是完好无损的，猫就还活着。

可是只要箱子还是封闭的，我们就不可能知道猫到底是死是活。铅制的箱子还会屏蔽辐射，所以我们从箱子外面也不可能用另一只盖革计数器来探测辐射情况。我们唯一能肯定的事就是两种描述的预测结果都同时有 50% 的概率是正确的、50% 的概率是错误的。换句话说，猫的生死概率也各有 50%，用量子力学的语言来说就是"猫同时又是死的又是活的，且概率均等"。

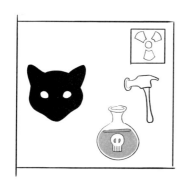

只有在打开箱子之后我们才有可能最终看到猫，确认它的生死状况。正是这一观察行为逼迫猫在两种可能状态之间作出抉择，放弃概率论的表述方式，也就是"叠加态"的说法，回归到以因果决定论为基础的经典物理学视角。

当然，薛定谔并不是想要让同时"活着又死去的猫"变成一种理论，而只是想展示，如果将量子物理学应用到宏观世界的话，就会让我们得出一些自我矛盾的结果。很多其他和薛定谔一

样世界知名的物理学家拒绝这种用概率描绘现实的视角，转而寻找其他可替代的理论。跻身其中的也包括爱因斯坦，他在 1926 年 12 月 4 日写给马克斯·玻恩（Max Born）的一封信中抨击了哥本哈根诠释，用的正是那句后来人尽皆知的名言——"上帝不会掷骰子"。

尽管如此，哥本哈根诠释在今天还是成为学术界最认可，也是最符合实验证据的诠释。

现在彼得罗知道该干什么了：他要打开自己的箱子，不再逃避地观察里面的内容。附身、噩梦、幻想什么的，受够了。该是时候正视现实，与之共存了。

他抓起手机，上面显示有一些未读信息和未接电话，都来自爱丽莎。她大概很想骂他一顿吧，而且她也完全有理由这么做。

彼得罗鼓起勇气，做了一次深呼吸，然后回拨给爱丽莎。他准备好要经受自己应得的怒吼了。

电话铃声只响了一声就有人应答了。

"你闹完了？"

"对不起！"

"我给你打电话不是为了听你道歉的。"

"那是为了什么？"

"你现在出门下楼，楼下有个给你准备的东西。"

彼得罗不情愿地从床上下来，走向门口。"好吧，不过你听着，我是说真的，如果这一切还是跟蓬泰科尔沃有关的话我就——"

"你先去看看是什么东西，然后就明白有多——"

"多什么？"彼得罗问，但电话那头没有回应。

他打开门，看到了爱丽莎本人站在那里，手里握着电话。

"你有多倔！"

彼得罗无语了！

"现在我能再进房间了吗？"爱丽莎往前迈了一步。

"行行，对不起，我不知道刚才到底是受了什么影响，抱歉。"

"我已经说过了，不想听你道歉。"

"你一直站在这外面吗？"

"你欠我人生中的半个多小时。"爱丽莎用食指反复敲着手表说，"而且反正你只是把我从家里轰出去了，又没轰出楼门……"爱丽莎故意用忿忿的语气说，但实际上正在憋笑。彼得罗要不是真的被重回神秘之家这件事吓坏了的话早就看穿她了。

"我真的实在不想再跟那件事有什么瓜葛了。"

"你觉得我在这外面站了半个多小时是为了蓬泰科尔沃吗？那我看你还是没懂你到底有多……"

"我有多倔，我懂了。"

"这回是你自己说的。"爱丽莎强调道。

"你想喝可乐吗？"彼得罗指着厨房问她。

"有什么吃的吗？"

"嗯，有薯片和苏打饼干，可能还有一包巧克力饼干。"

"三明治有吗？"

"我看看冰箱里有什么。"

然后二人面对可乐和胡乱制作的三明治，断断续续地重新提起刚才的话题——"神秘之家"。

　　"弗朗切斯科太生气就回家了？"

　　"没有，一会儿就消气了。"

　　"我不是只相信迷信的穴居人，但这件事就是——"

　　"听着，彼得罗，问题不在于蓬泰科尔沃，相信我。谁在乎那个家伙呀。大概他只是离家去环游世界了，多好啊，没准还能给咱寄张明信片呢。但你可别说你已经跟我说了那天森林里发生的全部事情，也别说你不想再去是因为害怕。"

　　"这很复杂。"

　　"行了吧，把你知道的都说出来吧，至少试一试嘛。"

　　"这和很多年前的事情有关。那时候我很自卑，也许你理解不了。你这么坚强，像岩石一样。你根本不知道我的感受。"

　　"我不知道什么，彼得罗？我不知道别人在背后嗤笑是什么感受？我不知道被当成异类是什么感受？我不知道被人当成空气是什么感受？"

　　"可你明明看起来这么坚强。"

　　"我不想听你解释。如果你不愿意告诉我到底发生了什么，我不会死缠烂打让你开口。但你不能说是因为我不懂。"

　　"我父亲离开了我们！"彼得罗这句话是咆哮出来的，充满愤怒，仿佛声带都在喉咙中燃烧起来似的。彼得罗都不记得最后一次是和谁讲这件事了。爱丽莎沉默着等待他继续说。她知道彼得罗的父母已经分开好久了，他和母亲生活。她也知道彼得罗从不想谈起这件事，所以她也一直没有主动提起过。

彼得罗尽量忍住，不想让情绪失控，但大滴大滴的眼泪却开始盈满他的双眼。

"出什么事了，彼得罗？"

"我只要一闭眼睛就能清晰地看到同样的场景，就像昨天才发生的一样。那天我从神秘之家逃跑之后急忙骑车回家。我本想把经过告诉父母的，然而到了门口我却听到他们两个在吵架。那段时间他们经常吵架，因经济问题责怪对方。但那天和以往都不一样。父亲打开门的时候发现我站在门外，我们互相盯着看了一会儿，他的目光是如此遥远。"

"彼得罗，我都不知道这事，我很抱歉。"

"没事。只是我对蓬泰科尔沃这件事不那么赞成，所以我也没能说出口。"

"哎，你做错什么了嘛？没有！不过有一件事我还是不明白——"

"说吧。"

"你父母的事跟蓬泰科尔沃有什么联系？"

"我是真的走进神秘之家了。但并不是在郊游的时候。我当时和两个朋友在一起，我们一起骑车沿着其中一个朋友的表兄指导的线路进了森林去找神秘之家。我跟你讲的在里面发生的事全是真的。奇怪的响声就是从下面的暗门发出的，蓬泰科尔沃也确实突然毫无征兆地出现，然后跟我说了那些话……我也确实头也不回地跑掉了。今天你和弗朗切斯科带来的那些该死的研究也让我想起了另一段事：墙上画了好多猫，有死有活。我以前一直以为是什么奇怪的污渍或者是我的臆想，但其实画的都是薛定谔的猫，又好笑又招人怜爱但同时也充满神秘感的薛定谔的猫，既是活的又是死的的猫。"

爱丽莎迷惑地看着彼得罗说道："你真是疯了，彼得罗。你一直这么不相信我吗？以前你可是什么都跟我讲，猫也只是猫而已……接着讲吧。关于薛定谔的事可以一会儿再想。你讲到回家之后听见你父母在吵架。那为什么又说学校郊游这么一出？我觉得真实发生的事情里没有什么奇怪的啊。"

彼得罗在回答之前停顿了一下，说道："你看，对你来说可能根本不是大事，但曾经唯一能让我和我父亲之间产生联系的就是对机械的热爱。拆东西、修东西、造东西、改装东西，还有发明……我印象中所有他教会我的东西就只有这些，尽管当时好多人都嘲笑我。我的小轮车对我来说是一种标志，是因为父亲我才拥有的。当天我决定不跟母亲提到任何关于遇到蓬泰科尔沃的事情。我当然也很害怕，但更不愿意给她添加负担，我也不会跟我父亲讲。整个夏天我都闭门不出，害怕有人到处找我。后来开学的时候就完全不一样了。"

"什么意思？"

"我把'负面'的，能让我联想到神秘之家的东西都清除了。我不再改装自行车，也再没有骑过我的小轮车。我努力让自己和周围能看到的所有青少年一样，伪装起自己，把自己藏起来。"

彼得罗快要喘不上气了，陷入了沉默。爱丽莎安静地听着，完全理解他的沉默。

"大概是因为这个原因我才不愿意去的，回到那个地方，进到那里面。暗门下面不仅有蓬泰科尔沃的秘密，也有我当时生活中的负面情绪藏在了那道暗门之下。"

爱丽莎伸出手，温柔地摸了摸彼得罗的脸。

"但你同时也把很多美好藏起来了。"

听到这句话，彼得罗再也抑制不住泪水了。

"别担心。"爱丽莎继续说，她从椅子上站了起来。

"在你准备好之前，不用急着打开暗门。"

然后，她给了他一个大大的拥抱。

第十一章　奇怪的公式

"你还好吗？"

外面似乎在下雨。连着几小时天上都在飘着细雨，绵绵不断又十分冰冷，雨水清洗城市里沉积的污浊，将尘垢卷入路面上的细流，拖到井盖下，冲进下水道，然后不知又流向哪儿去。尘埃被带到人眼看不见的地方，这样就能让我们以为它真的消失了一样。

"嘿，宝贝！"母亲下班回家了，问道，"还好吗？"

彼得罗连忙回答："嗯，妈妈，我没事。"

爱丽莎和他道别之后就出去了。

"小测验准备好了吗？"

"什么小测验？"彼得罗还是心事重重。

"明天的数学小测验。"

他全然忘记这回事了。

"哦，小测验。我准备好了。"

"我的小科学家真棒！"

彼得罗看了看母亲说："你怎么样？"

上一次他问母亲过得如何是什么时候的事来着？他因为害怕知道更多而没有与她深入交谈。

"我很好。"

"我不想听你这种像在电梯里遇见邻居一样的回答。"

谁知道这句话从哪儿冒出来的呢，他说得那么自然。他已经厌倦了自己的恐惧。

"好吧。你也得跟我说实话。"

"一言为定。"

然后两人聊了两个多小时。把所有事情都说清楚了。谈到了希望，谈到了伤心事，谈到了开心和悲伤的回忆。没有谎言，没有因为害怕会给对方添加负担而做出的掩饰。他们以前从未这样敞开心扉。当然了，也不是全部的事情都说出来了。一个晚上怎么够呢？但时间还有的是，现在他们终于知道这一点了。

"我的宝贝，"聊得差不多的时候母亲说，"时间已经不早了。我明天还要早起，你也是。"

"好的，妈妈。"

他们互道晚安，然后互相拥抱，久久不放。

"我的小大人，真的成长了许多！我之前都没注意到呢！"

"我们应该经常这样。"

"哪样？"

"放下恐惧，彼此交流。"

"我们应该一直这样。"

母亲去睡觉之后，彼得罗也回到自己的房间。但彼得罗睡不着，在结束这漫长的一天之前他还想再做一件事。

他掏出手机，在网上搜索了蓬泰科尔沃的照片。照片很容易就找到了，但直视照片就没那么容易了。第一感觉还是那种不安，但彼得罗还是决定坚持一下，继续凝视那张照片，直视那张照片。

那是最近才照的，画面中年迈的科学家坐在电脑前敲打着。彼得罗仔细审视，蓬泰科尔沃阴郁神秘的眼神和那天在神秘之家抓住他胳膊时的一样。那天的记忆在彼得罗心里鲜明至极，现在仿佛又在胳膊上感受到了那只抓紧的手，整个皮肤仿佛都在燃烧。

为什么这么多年过去了，看到蓬泰科尔沃的脸还是会掀起那些内心的波澜呢？

然后他注意到了。

他偶然看到了这位科学家的手腕。

手腕上有什么东西。

一道疤痕吗？

彼得罗放大了图片，但像素太低了，他想看的地方整个变成了黑乎乎的一片。

他需要一张像素更高的照片。

彼得罗跳下床，打开了电脑。心脏疯狂地跳动。

他搜索了照片，然后对准蓬泰科尔沃的手腕放大，原来是一行字，一个公式。

$$(i\not{\partial}-m)\psi=0$$

彼得罗随即在一个网站检索了一下这个公式，发现这是一个著名的等式，由诺贝尔物理学奖获得者保罗·狄拉克（Paul Dirac）提出。这位物理学家还曾与理查德·费曼（Richard Feynman）和恩里科·费米（Enrico Fermi）等人一同工作过。

这个等式描述了单个 1/2 自旋粒子（如电子）的行为，其中同时考虑了狭义相对论与量子力学的效应，从而得到了对单个电子除开引力作用的完整描述。

彼得罗之前参考的就是这个网站，这次又找到了关于量子纠缠现象的简明解释，他把这一页面打印了下来。

量子纠缠

想象我们手里有两枚硬币，然后我们将它们抛向空中，这样这两枚硬币就在某种意义上成为相关联的一对"双胞胎"。现在，只要观察一枚硬币的情况，我们就能立即推断出关于另外一枚的信息。

这就好比说，如果第一枚硬币是正面朝上，那第二枚也应该

是正面朝上，不论它处于空间中的哪个地方。

我们也可以想象这两枚硬币会自己旋转，然后我们在不干扰硬币旋转的情况下将其中一枚带到南极去。如果这时我们让其中一枚停止旋转，然后结果是正面朝上，那同时另一枚也会停止旋转并正面朝上，尽管两枚硬币之间相隔遥远的距离。

换句话说，两枚硬币之间可以以某种方式进行实时沟通。爱因斯坦讽刺地称这种现象为"鬼魅般的远距作用"。

鬼魅般的远距作用

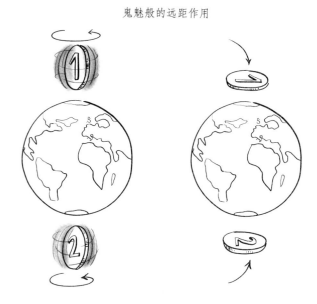

"难以置信的东西。"彼得罗这样想。一阵寒颤划过他的后背。神秘之家难道还不够吗？现在又来了远距离鬼魅，还好是远距的。

"爱因斯坦真厉害。"

爱因斯坦以这种方式强调量子力学解释中的相悖性。显然爱因斯坦并不相信两个粒子能够进行实时沟通，因为相对论最重要的一个结论恰恰就是没有实体能够超光速移动！

而我们现在说的这种情况就好像是两枚硬币在以超光速的方式进行交流。爱因斯坦正是用这个例子试图说服当时的物理学家，量子力学里有什么实体搞错了，肯定有什么别的还没发现的东西能够合理解释这些现象。

其实爱因斯坦不相信的这个"鬼魅般的远距作用"后来被称为"量子纠缠"，于1982年由阿兰·阿斯佩（Alain Aspect）实验证实。此后，日内瓦大学的尼古拉斯·吉辛（Nicolas Gisin）于1997年又用光纤内的光子实验证实了量子纠缠真的可以在很远的距离上发生，这个距离至少可以是10.9千米，此时两个粒子之间信号的"传播"速度至少能达到光速的1000万倍。

彼得罗现在希望两个朋友就在身边，跟他们一起想象"双胞胎"硬币和鬼魅般的作用肯定比自己研究有意思多了。彼得罗明白，这和薛定谔的猫一样都是在说一回事，只是更严格地以物理学的方式阐述。他决定再接再厉，把没有用硬币比喻作简化的量子纠缠章节也读完。

一个给定的稳定粒子衰变成两个更小的粒子 A 和 B，二者向两个相反的方向远离彼此，这两个分裂后的粒子依然会保有一些跟衰变前粒子特质对应相关的特性。比如，衰变后的粒子 A 如果开始沿顺时针方向旋转（也就是假设物理中称为"角动量"的概念，或者更确切地说是"顺时针自旋"），那么另一个衰变后粒子一定会沿逆时针方向旋转（"逆时针自旋"）。

在量子力学中，一个实体只有在被观测后才会拥有确定的值，因此粒子 A 自旋的观测情况决定了粒子 B 的自旋，不论二者之间间隔多远。如果因为某些原因 A 的自旋瞬时调换方向（从顺时针到逆时针），那 B 的自旋也会有同样的行为。这就好像两个粒子之间的"交流"是实时发生的，因此信息的传播速度应该是无限大的。

"说硬币的正反面和说自旋不是没区别嘛。"彼得罗这样想，然后自己笑出了声。

彼得罗关上了打印机和电脑，然后重新钻回了被子里，但他无法停止思考。

他曾经读过类似的东西，但并不是在物理课本上，也不是什么科学专著里。他是在一首诗里读到的，一首在学校学过的波德莱尔的诗，诗的名字恰好就叫作《感应》（*Correspondences*）！

彼得罗想到，不同学科之间并没有他以为的明确界限。虽然研究和表现的手法不同，但本质不变。

所以如果说物理和数学之间是相同的话，那我们的感情、记忆、命运等也都应该是相通的。真的存在一个能够将两个时空相隔的人联系起来的东西吗？毕竟科学研究已经用实验证据证实了很多在过去看起来荒谬、无法理解的事情。万一他自己以某种方式和蓬泰科尔沃以及森林中的那个废墟联系起来了呢？

两个人之间被看不见的纽带连结在一起，其中一个人身上发生的事情会直接影响到另一个人，这个想法让彼得罗十分着迷。

于是他拿起手机，发了条信息给爱丽莎和弗朗切斯科。

信息没有几个字，但清晰又明确。"周六早上我们去神秘之家。"

彼得罗将头枕在枕头上，闭上眼睛，然后突然就像又来了一阵灵感一样，再次拿起手机，单独给爱丽莎发了条信息："晚安，谢谢你为我做的一切。"

　　　　　　　　　量子谜团大冒险

第十二章　三人面对神秘之家

他们以为那些地方会跟以前大不相同，他们以为一切都变了呢。

结果没有。

好吧，皮亚韦路最近重新铺过一次，两边新挖了排水沟，以便下雨期间雨水不会淤积。而且植被也不一样了，上一次来的时候是初夏，而现在是深秋。但以前有的那些地方都没有变。

"你说小路在哪儿来着？"弗朗切斯科问。

"大概往前走五百米的地方，右手边，供能塔之后。"

"你没事吧，彼得罗？"爱丽莎问。

"嗯。"

"你在想什么？"

"在想奥德修斯。"

"看着吧，咱肯定不会被大海吞没的。"

但彼得罗其实想的不是但丁笔下的奥德修斯，也就是蓬泰科尔沃最后一篇文章里提到的。他想的是《荷马史诗》中的奥德修斯。荷马笔下的奥德修斯在归乡之后乔装打扮，不让任何人认出他来。精巧的装扮瞒过了所有人，大家都以为他是另外一个人，只有他的忠犬阿尔戈斯没有被外表蒙骗。和所有狗一样，它认识主人的本质，无法更改、无法掩藏的本质。

现在他觉得自己就像阿尔戈斯一样，面前的这个地方就是他的奥德修斯。

这条路像是换了一身新衣裳，但彼得罗还是能清晰地看到路的尽头还与六年前一模一样，阴暗、危机重重，让人感到紧张。

然后有一瞬间，但真的也就只有一瞬间，他想或许不是这样，或许和他想象的正好相反。或许彼得罗才是奥德修斯，时隔多年终得返乡，身上披着新衣服，带着些许痛苦地希望自己的形象和旧时相比能有所不同。

一种强烈的不适感攫住了彼得罗，他感到自己完全暴露了。

四年来他都在自我欺瞒，以为过去的一切都被抛在脑后，自己成长为另一个人。他这样骗过了其他所有人，也骗过了自己。但那片森林实在太了解彼得罗了，不会被他蒙骗。那个地方就是彼得罗的阿尔戈斯，一下就嗅出了彼得罗，不像其他人一样被蒙在假象里。那片森林一眼识破了他，在瞬间摘下了彼得罗戴了多年的面具。

回到那里真是个糟糕的决定。

"你说的是那个塔吗？"

彼得罗从沉思中惊醒。

"彼得罗，是那个吗？"

"是的，塔之后有一条小路。"

"我们要在这里放下自行车吗？"

"不用，我们得先上小路。"彼得罗回答说，"然后再顺着水沟走。"这句话他只在脑海中过了一遍。

绕过供能塔之后，他们开始沿小路走。一开始的时候速度非常慢，然后逐渐加快。森林就像敞开怀抱迎接他们，然后在等他们通过之后就立刻关上大门似的，将他们骗入陷阱里。

他们被树干、树枝和枯树叶吞没，像在植被的大口中越陷越深，逐渐远离人类文明，然后消失在地平线之后。他们最终到达了人工河。彼得罗看了一眼天空。天空一片漆黑，充满压迫感。他思考了一下要是强风暴袭来的话，人工河多久就会泛滥。他也思考了如果要是真的发生的话他们返回需要多长时间。如果人工河突然变得湍急起来的话，他们真的有可能被困在那里。

彼得罗忙挥赶走了这种想法。

"到了。现在我们要沿人工河走上一百多米。"

爱丽莎和弗朗切斯科都很久没说话了。他们两个平常疯狂又激烈的谈话习惯在进入小道下坡的刹那就转换成了低声细语，然后现在沿河走的时候则完全变成了紧张的沉默。

彼得罗并没有对此感到意外，也不想讽刺他们在真正面对这次冒险时精神状况与态度的巨变。他太了解那片森林给人带来的影响了，根本无法拿这件事开玩笑。

气温骤降，光线转暗，森林里的各种声音被三人的沉默以及

他们清晰地感受到的那种微妙又令人厌恶的危机感放大。

"我们到了。"彼得罗说，同时向着那棵树干几乎碳化的大橡树走去。"到这里我们就得走着去了。"

"这也太吓人了！"爱丽莎观察着大橡树说，然后拿出相机拍起了照片。"它经历了什么才只剩下这么一小部分的？"

"自然的愤怒吧。"彼得罗想到，但他小心翼翼地没有说出声。

"显然是闪电嘛。"弗朗切斯科回答说，他对这句大声说出的解释寄予了厚望，期待自己看问题能回归到科学的视角，因为从几分钟前开始他就感到内心升腾起一股强烈的、毫无理性可言的焦躁。

放下自行车后，三人向密林深处走去。

"这些标记是什么？"弗朗切斯科问，他依旧热切期待着能够回归理性带来的那种舒心的安全感。

"我也不知道，"彼得罗回答道，"我觉得是蓬泰科尔沃做的记号。跟着记号走就能到神秘之家。"

"我不太相信他做记号是因为怕走丢。肯定有什么别的意思。"爱丽莎评论道，然后开始给各种东西照相，一样接一样，遇到什么照什么。

三人在森林里越走越深，走进森林幽暗的中心地带。现在他们连动物的声音都听不到了，也开始对那个地方产生恐惧，几乎要打退堂鼓远离那里。

"到了，那儿就是了。"彼得罗忽然开口说。爱丽莎和弗朗切斯科都感到血液在血管中凝固了。

"神秘之家——"

三人都静默着不动，观察着那座被攀缘植物、苔藓和潮气吞噬的石头堆。就好像这片被诅咒的森林将精华都凝聚在了这一颗小小的原子里，而原子可怕的能量正是从中间那颗原子核里释放出来的。

"我们真的到了。"爱丽莎说。

三人没多说其他的话，开始接近石头堆。但与其说是他们

自己决定前进的，倒不如说是受那股神秘力量吸引他们移动了双脚。

"且不说科学不科学的，这地方是真让人心惊胆战。"弗朗切斯科承认说，似乎想借此放下重负。"你们要愿意的话，我们还有机会转身走人。"彼得罗说。他很清楚，再往前走一步的话就晚了，根本不可能拒绝那个地方的魔力了。那就像是一个黑洞，不可抗拒地吸引周围一定距离范围内的所有物质。不，就算现在他们想走也走不掉了。神秘之家那黑暗神秘的魅力早就抓住了他们，似乎不把他们拖进去就绝不罢休。他们的意志早已无效了。爱丽莎和弗朗切斯科甚至都没回应彼得罗的提议。三人就像被包裹着废墟的暗淡光晕催眠了一样。

直到走到破旧的大门前他们才停下。

爱丽莎给大门照了张照片。大门是许多根和地面平行的木条制成的，木条彼此拼插在一起，几乎完全腐朽了。大门的高处钉着两根固定用的木条，从最高处的两个顶点出发，在一半的位置相交。肯定是谁加上的这两根木条，因为只有这两根木条没有那么腐坏，木质也和别的木条不一样。

有一点他们都不用商量，该打开门的人是彼得罗。

生锈合页的吱呀声和腐烂木条的沉吟，迅速将彼得罗拖回了六年前的经历中，就是印刻在他脑海中、不断让他在噩梦中循环的那种响声！

三人走进神秘之家，他们瞬间就被包裹在潮湿的空气以及沉重的气息中。

墙壁上的开口处透出来些许微光，三人凭借这几丝微光看到地面上布满植物碎屑和石头，和屋外面没有差别。

彼得罗谨慎地环视四周，稍稍远离了另外两个朋友，然后俯下身拨开植物，然后找到了一个把手。直到这时爱丽莎和弗朗切斯科才如梦初醒一般想到要过来帮他……那是一个直径一米多一点的圆形金属暗门。

彼得罗向两名同伴示意不要大声出气。他轻轻地向前弯下身子，然后将耳朵贴近地面，但没听到他第一次进入神秘之家那天的那种嗡鸣声。

"我觉得是时候了。"爱丽莎说，抓住了彼得罗的一只手。或许是彼得罗抓住了她的手？他们两个人都不太清楚到底是谁抓了谁的手。

彼得罗深深地吸了一口气。

我们的心里有多少道暗门呢？我们的精神世界里呢？我们隐藏了多少事情，期待它们能够就此消失，永远被关在暗门中呢？我们能有多少次的勇气重新打开暗门，哪怕只是偷偷向里面看一眼呢？我们有勇气检查被我们关起来的东西是否真的消失了吗？或许被关起来的东西反而变得更大了，越来越大，变得越来越难应付。有多少道暗门是我们甚至对最亲近的人都缄口不言，而只愿意给他们展示我们最光明、最确定的一面呢？又有多少是我们将自己都封锁起来的呢？

　　彼得罗感到爱丽莎的手越握越紧，让他坚强，为他灌注勇气。他看了看爱丽莎，向她点了点头：他准备好了。于是他松开了她的手，打开了暗门。

第十三章　废弃房屋里的声响

打开暗门之后，三人就看到了一架生锈的梯子。

彼得罗领头下去，后面跟着爱丽莎，然后是弗朗切斯科。

周围是没有一丝光亮的黑暗。

三人打开带来的手电，手电的光照出了他们从未想象过的景象，这里到处都是各种类型的信息和电子设备、材料。这里有三张写字台、四台电脑、两台笔记本电脑、两台激光打印机、一台3D打印机、一台发电机、一台储电机、几个奇怪的装置、散落在四处的电缆电线、电源插座、配电盘和一些电脑替换零部件。地上的一些痕迹毫无疑问是最近才留下的，且发生过一些可控的小火灾。此外屋内还到处散落着撕扯过的微微烧焦的纸张。

"这是什么东西？"

"这个蓬泰科尔沃是在干什么？"彼得罗审视着四周。

"哪儿来的电源？"

"这附近是高压电线经过的地方。蓬泰科尔沃估计连接电网了。"

接着他们开始寻找像开关一样的东西。

墙上接近梯子的地方，挂着一个像是总控配电盘的东西。爱丽莎研究了一会儿，然后试着拨弄了几次按钮，但没有成功。

"我们要是打不开电脑，怎么才能知道蓬泰科尔沃在研究什么呢？"

"反正打开电脑也没有用。"弗朗切斯科说，他正趴在地上，"你们看这里。"

他的手电光照着一大堆胡乱堆放的塑料和金属物体。

"估计他把所有硬盘都烧了。"

"而且这些电脑根本就没连到互联网上。"

"所以里面存的东西都被永久性销毁了。"

"嗯，存在电脑里的东西确实是这样。"

"这些碎纸片呢？"

"可能有线索。"

他们捡起来了几张，上面写着几串数字，有的是十进制的，有的是二进制的，还有一些公式。

"这没意义……就像找到 100 片拼图的其中 20 片一样。"

"那也比没有强。既然咱们都已经到了这里。"

"嘘！"

"怎么了？"

"别说话了。我听见有什么声音。"

"这可不是开玩笑的时候。"

"我说了，闭嘴！"

这时传来一阵脚步声，从外面传来的，正在接近废墟。然后有一瞬间脚步声停下了。然后又是那种声音，又一次，谁都不会听错的腐朽木门和生锈合页的吱呀声。

"有人来了——"

三人僵住了，用手捂住嘴巴，心脏疯狂跳动，他们屏住呼吸。现在已经不是刚才慢慢接近森林里这个地方的时候体会到的那种幽暗但说不清楚的不安感了，而是更清晰、更明确、更具体的恐惧。

脚步声现在已经到了他们头顶了，彼得罗突然冲向前去。

"你干嘛？"爱丽莎小声问。

"你疯了吗？"弗朗切斯科说，但他几乎没有发出声音，只动了动嘴唇。

彼得罗迅速爬上梯子，然后在尽量不发出声响的情况下小心翼翼地转动了内部把手，将暗门反锁了起来。

然后他就停留在那里了，纹丝不动。

脚步声在他们头顶上停住了，然后又重新响起，逐渐接近废墟的中心。然后又是一阵静默。

爱丽莎关上了手电，另外两人也随即关上了手电。在漆黑之中，暗门被强烈撞动，三人吓得心惊肉跳。

而试图打开暗门的人完全没有放弃斗争的意思。

金属物的撞击声在地下室里回响，声声都像刀子一样插进三人的心里。

然后又回到了静默。

脚步声开始往外走。门发出吱呀声。三人继续默不作声等了一会儿，还是一动不动，仍然不敢打开手电。

首先打破沉默的是爱丽莎："咱们得离开这儿！"

"要是他还在外面怎么办？"

"他更有可能是去找能打开暗门的工具了，一会儿就会回来。咱们现在得赶紧离开！"

"离开前得先收集线索。"弗朗切斯科说。

"你疯了！"爱丽莎喊道。

"不带走这些纸片我是不会走的。我会留到最后一刻！这可能是我们最后一次机会了！"

"也有可能是我们回家的最后一次机会了，你想过没有？"

"够了！我们这是在浪费时间！咱们赶紧把这些该死的纸片捡起来然后飞奔出去。就两分钟。一秒都不能多！"

第十四章　一张看似简单的纸片

回家后，他们把这些纸片整理好，阅读之后一张一张地分析。

拉皮埃尔老师对其中几张更关注，他对着其中一张凝思了很久，才将之放到其他纸片的上面。

"您怎么想，老师？"爱丽莎在最后一片纸也归位之后问道。

老师又静思了几秒钟，然后带着沉重的口吻说："西比拉[1]在被风吹散的树叶上写下的神谕都比这些碎纸更好解读。"

"您肯定已经有了什么想法，我很确定。"弗朗切斯科接过话来。

"你们得多告诉我点信息。你们从哪儿找来的这些东西？"

彼得罗给两个朋友使了个眼神，让他们不要多嘴，然后说："这个说来话长。"

"再长的故事也值得讲，但隐瞒真相的故事只会助长谎言。如果你要讲长故事的话，我有的是时间和耐心听你们讲完。"

彼得罗脸红了，低下了头。

"这件事没那么简单，老师……"

"爱丽莎和弗朗切斯科那天给我看的科学小发明，咱们还一

1　译者注：指历史上真实存在的以及古希腊罗马神话中的女先知。

起讨论过的事情和这些散落的纸有关吗？"

"在某种意义上有关。"

"这些纸上大部分的数字都可以有各种解读方法，但唯独这张——"

拉皮埃尔老师又拣出了刚才特别引起他注意的那张纸，说道："这张纸大概说明你们的'那位先生'正在研究量子比特。"

"量子什么？"

"量子比特。"

"那是什么？"

"制造真正量子计算机的基础。"

"量子计算机？"

"对。量子计算机，也就是一种具有惊人计算能力的计算机，能在瞬时内破解任意加密算法。这种超强能力可以用来迅速侵入任何信息系统、任何网络，包括保密性最好的系统。"

"如何实现？"

"你们看，加密算法的本质就是大数的质因数分解，以此来隐藏真正的密钥。我现在说的都是一百位、两百位甚至更高位的大数。想要分解这样的大数，也就是破解高级加密算法的密钥，一台传统计算机可能要花上几百万年的时间。"

"几百万年的时间？就算是现代计算机也是这样吗？"

"当然了。这是因为一台传统计算机就算十分先进，也需要按顺序进行尝试，逐个试验将那些数字分解成更小质因数的所有可能性，包含几万亿个选择。这都是因为传统电脑用的信息单位是传统的'比特'。而量子计算机就能在几秒钟之内完成同样的操作，这种超强的能力来源于比特的'量子'版本，也就是量子比特。"

"量子比特。"

"现在听懂了吗？"

"已经有人发明过了吗？类似量子计算机的东西？"

"只有几个原型。有很多国际研究团队已经连续数年为此倾尽心血，但想要将足够大量的量子比特集合在一起还是异常困难，但必须做到这一点才能实现我刚跟你们说的那种超强的能力。这需要一位真正的天才来协助他们实现跨越。"

"真正的天才？"

"对，大概需要一个在小学时期就能完美复制双缝实验的人吧。"拉皮埃尔老师冲爱丽莎微笑着，话语里别有用意。

这次换爱丽莎低下头脸红了。

"你们确定什么都不告诉我吗，孩子们？"

三人缄口不言。

"量子计算机可能会破解军事机密，若落在错误的人手里甚至有可能引发战争。"拉皮埃尔说道。然后他语气突然缓和，就像有同学跟不上他讲的课似的："孩子们，我怕你们正在被卷进麻烦之中。你们要是不跟我实话实说，我就帮不了你们。"

“这事跟一星期前消失的那个人有关。”爱丽莎开口说出来了。

“哪个人？”

“科西莫·蓬泰科尔沃。”

拉皮埃尔做了个难以形容的表情。

“您听说了吗？”

“没有，说实话没听说过。但这个名字我很有点熟悉。”

“哎，我觉得应该是个科学家——一名物理学家。”弗朗切斯科说。

然后彼得罗也插话了，就好像是要替窘迫的朋友解围一样：

“我看见报纸上登的他的照片之后，想起我曾经见过他一次，好几年前，在离城里稍远一点的一个森林中的废弃房屋里。我把这件事给爱丽莎和弗朗切斯科讲了，然后我们一起又去了那个废弃房屋，就在今天早上，为了做调查。房屋里面的中央位置有一道暗门。我们从暗门下去，然后看见了一个相当震撼的实验室，里面全是计算机和其他类似的东西。我们觉得蓬泰科尔沃在消失之前把所有硬盘都烧了，纸质文件也都销毁了。我们拿来的这些碎片是唯一留下来的东西。”

“这个废弃房屋在哪儿？”

三人谁都不作声。

“只有你们三个知道这个房子在哪儿吗？”

又是一片沉默。

然后弗朗切斯科鼓起勇气说："我们在里面的时候听到有脚步声。有人试图要进来。"

这时候拉皮埃尔的脸突然一下沉了下来，声音变得异常生硬："你们还不明白你们正暴露在极大的危险之中吗？你们得把你们知道的都说出来！你们得告诉警察那个屋子的位置！"

彼得罗也提高了嗓音："跟警察说什么呀，老师？难道说，'知道吗，森林里有个废弃房屋，里面有好些旧电脑'，'还有好多乱扔的烧过的纸，上面写满数字'吗？警察肯定不会认真听我们说话的。"

但拉皮埃尔寸步不让，越来越激动："一个活人失踪了！可你们知道他平时可能会去的地方，这连警察可能都没想过！警察会认真对待你们！你们不明白吗？这不是一场游戏，也不是我们不久之前才参与过的那种科学探险！"

但彼得罗还是问道："换作是您的话，您会怎么做？"

"我已经说过了，我会去找警察。"

"不，我是说，如果您的研究只差一步就能在未来的某一天真的造出量子计算机的话，您会怎么做？"

"孩子们，你们的问题是：科西莫·蓬泰科尔沃会怎么做？根据现在你们已经发现的事情，很明显他有理由销毁所有研究成果。也许有人正在找他。他可能身处险境，然后你们也跟他一样身处险境。你们有义务告知警察，不论警察在得到你们的消息之后会做什么。"拉皮埃尔老师坚持说。

三个少年有点迷茫了。拉皮埃尔用冰冷的语调又添了一句："我给你们一天的时间考虑，24 小时。"

"您要告我们吗？！"

"哈哈！告你们什么？当然，我确实怀疑你们是怎么把那个双缝实验的小发明拿到手的，但除了这个以外你们什么事都没做错。我只是想告知警方，让他们知道森林里那个地方的存在。或许你们应该跟我一起，但愿这样就能让你们摆脱麻烦。现在你们告诉我，蓬泰科尔沃的实验室具体在什么地方？"

于是彼得罗把路线都告诉拉皮埃尔了。

"记住我的话。我给你们一天的时间。"老师陪着三个孩子走到门口。三人正要离开的时候，弗朗切斯科突然转过身问："为什么之前您说蓬泰科尔沃的名字听起来耳熟？"

"哦，没什么……或许只是重名的人……"

"好的侦探可不相信巧合。"

拉皮埃尔满意地笑了："那等你们把实情跟警方说了之后，上网查一下'布鲁诺·蓬泰科尔沃 [2]'这个名字，看看他和消失的那个人有没有什么亲缘关系。"

译者注：Bruno Pontecorvo，真实存在的非虚构人物。介绍见下文。

第十五章　另一个蓬泰科尔沃

老学校的大门外，三个好朋友的脸色真说不上有多好。

"我告诉过你去找老师不是个好主意。"

"其实是个好主意，彼得罗。现在我们知道了好多有用的信息。要是没有他我们的调查就搁浅了。"

"嘿，现在就搁浅了。"

"还没有，"对弗朗切斯科来说放弃一切根本不是个选择，"我们有 24 小时呢。"

"时间并不多，但也不算太少。还有时间查到不少信息。"爱丽莎分析道。

"老师说得有理，我们正在陷入比我们更强大的事件当中。可能十分危险。更应该交给警察来办。"彼得罗试着用另外一种方式来说服另外两个人放弃调查。

"然后会发生什么？"爱丽莎坚持道，"警察回去找到蓬泰科尔沃的实验室，打上封条，接着继续调查。我们自己也不能全身而退了。"

"另一方面，谁知道那个地方还隐藏着多少秘密。"

"那个跟我们所知的蓬泰科尔沃重姓的人叫什么来着？布鲁诺，对不对？"

"对，老师说的是布鲁诺，我记得。"

"你们看这里。"弗朗切斯科把手机上的资料给他们看。

"布鲁诺·蓬泰科尔沃，1913 年至 1993 年。物理学家。恩里科·费米的学生。发表过大量关于高能粒子物理研究的作品，因被怀疑和苏联有联系而被逐出曼哈顿计划。"

"他是我们认识的蓬泰科尔沃的亲戚吗？"

"我也不知道……不过从出生日期来看，布鲁诺就算是科西莫的爷爷也不奇怪。之后我再详细查一查。"

"朋友们，咱们发现的越来越多，这件事也变得越来越让人兴奋了。"

"曼哈顿计划是什么？"爱丽莎问。

"什么？"

"你刚说布鲁诺·蓬泰科尔沃被逐出曼哈顿计划。所以曼哈顿计划是什么？"

弗朗切斯科接着在网上查询。

"这是一个研究与开发项目，设计制造出了第一颗原子弹，也就是在广岛和长崎爆炸的那种……"

第十六章　有点像

"你到底是谁，科西莫·蓬泰科尔沃？是什么促使你在瞬间毁掉毕生研究成果？你要揭示的东西为何让你如此恐惧？为什么你毫无踪迹地人间蒸发了呢？"

彼得罗此时正在开往他家方向的公交车上，公交车空着一半座位，他坐在最后一排。他眼睛不经意地看着窗外，心里想着蓬泰科尔沃的事情。他感觉他俩之间好像有什么共同点，有什么共同的东西穿插在二人的命运里，但他搞不明白这个共同点到底是什么。

窗外的景色向后退去，时慢时快，房屋、道路、树木、骑车、人、生命……

有可能将一切都留在身后吗？让这些事情完全消失得无影无踪，而不是交给时间来消磨，有可能做到这些吗？

彼得罗在车到站时差点没反应过来。

下公交车的时候，他听见有一条信息提示。信息是弗朗切斯科发的，发到了他们三个人的聊天群里。这个群是两天前弗朗切斯科建的，取名叫"调查"。

彼得罗解锁了屏幕，读了弗朗切斯科的信息：

确认了。布鲁诺·蓬泰科尔沃就是我们所知的蓬泰科尔沃的爷爷。

彼得罗心想，布鲁诺·蓬泰科尔沃因为被怀疑和苏联有勾结而被逐出了曼哈顿计划。科西莫会不会是意识到可能出现的后果之后主动离开的呢？

彼得罗带着满脑子的疑惑，从公交站走到了自己家的楼前。

进门后，他没有直接上楼回家，而是去了地下车库，打开自家车库的门。彼得罗家没有汽车，他和母亲都是依靠公共交通出行的，所以车库里存的就只有纸箱和灰尘。

彼得罗径直走向深处的墙角，那个东西就一直在那里，在一堆纸箱子后面，经过了相当漫长的岁月，它被一块旧棉布盖着，或许以前曾经是旧桌布或者旧窗帘。

他站在那里呆呆地停留了几分钟，犹豫不决。

他心想，我们不可能将所有事情都抛在身后，全然忘记，假装变成了一个完全不同的人物，连一点曾经的自己——其实在内心深处也还是现在的自己——的痕迹都没有留下。科西莫，你可以藏起来，混在人群中，你也肯定在某个地方留下了痕迹。

彼得罗做了一次深呼吸，然后坚决地一步冲上去，抓住棉布，掀起一片灰尘云，露出了下面盖的东西——他那辆旧自行车。

这正是他还在幼年时期的时候组建改装的那辆，他将它藏在车库阴暗角落里，不过就像他跟爱丽莎说的，他并没有扔掉它。

彼得罗知道，有一天他会亲自上手解决问题，因为他将自己的太多故事赋予了那辆自行车。

而蓬泰科尔沃和他的研究成果也是这样，彼得罗十分确定。不，他没有将一切都烧毁消除。他肯定也保留了什么东西，他会重新着手继续他的研究。

彼得罗相当确信这一点。

第十七章　散落的拼图

弗朗切斯科回到家的第一件事就是冲向笔记本电脑，查证他那失踪的邻居和参加过曼哈顿计划的物理学家是不是有什么亲缘关系。调查并不简单，但他还是得到了不容置疑的结论，然后即刻便想将成果分享给另外两名冒险伙伴，发在他们的聊天群里。布鲁诺·蓬泰科尔沃的确就是科西莫的爷爷。

曼哈顿计划。这是历史上保密性最严的项目之一。间谍与反间谍，加密与破译。谁知道科西莫从爷爷那里听了多少故事呢。

现在所有散落的"拼图"似乎就位了，但就算现在能看清边缘，拼图组成的中心图像在弗朗切斯科眼里也还是模糊不清的一片。

"一种具有惊人计算能力的计算机，能在瞬时内破解任意加密算法。因此这种超强能力可以用来迅速侵入任何信息系统、任何网络……"

弗朗切斯科的头脑里回响着拉皮埃尔老师的话语。

科西莫·蓬泰科尔沃真的是做到了量子计算机制造的转折点了吗？能够轻而易举地破解任何密码吗？能够进入地球上存在的任意一个复杂的信息系统，要是他愿意的话还能在几分钟之内引发一场世界大战……

　　　　　　　　　　　　　量子谜团大冒险

想起来真的十分可怕。

弗朗切斯科在整个调查过程中没有被幽灵一类的假想吓倒，而如今真的陷入了焦虑，因为现在他们做出的假设并不是基于迷信或无知。这个结论直接来自科学与理性，具有十足的真实性，具有让人恐惧的真实性。

蓬泰科尔沃，你到底做了什么？

你发现了什么？

你消失在了何方？

你真的将你的研究全部销毁殆尽了吗？

怎样才能找到你？

弗朗切斯科试图寻找这些问题的答案。

他拿起纸笔，将所有已知的关于科西莫·蓬泰科尔沃的事情都写了下来：天才神童，不爱社交，物理学学者，信息专家，著名科学家的孙子，用笔名署名的科技记者，热爱密码学。

热爱密码学……

弗朗切斯科的双手几乎因情绪激动而颤抖起来，他一把抓过了手机，在群里发了条信息：

爱丽莎，你能把那天早上在森林里拍的照片都分享过来吗？我觉得树上的那些记号是加密信息。要按顺序给我们发过来：从我们在雷击大橡树之后见到的第一个记号开始，到蓬泰科尔沃实验室前看到的最后一个记号为止。

几分钟之后，照片就一张接着一张地出现在聊天群里。

弗朗切斯科慌乱地将所有树上的记号都抄在一张纸上，然后给这张纸拍了一张照片，发在聊天群里，然后写道：

"我们得给这些符号进行解密。"

第十八章　还有需要解密的东西

手机响了，是一条信息提示，来自弗朗切斯科。

确认了。布鲁诺·蓬泰科尔沃就是蓬泰科尔沃的爷爷。

爱丽莎的脸上蒙上了一丝失望，她期待的是彼得罗的信息。她希望信息的内容不是和蓬泰科尔沃失踪相关的。

曾经有过这么一个瞬间，在他家，母亲就要到家之前。在那一刻她觉得有什么事就要发生了。是她臆想出来的吗？然后又收到了那条短信：晚安，谢谢你为我做的一切。

"你作业做完了吗？"

"爸爸，今天是周六！"

"周六就对了！努力学习的好机会，这样你明天就能休息了。"

"我正要这样做呢，爸爸。我正准备开始写作业。但后来我想起来你总跟我说今日事今日毕，不要拖到明天。所以我决定今天休息！"

"你要把聪明用到学习上，而不是浪费在没意义的回答上。"

"说得对，爸爸。我现在就去写作业。"

这是她把自己关在屋子里的好借口，她能及时扑到床上去。

手机又响了一声，又是一条信息。

又是弗朗切斯科发的。

爱丽莎，你能把咱们那天早上在森林里拍的照片都分享过来吗？我觉得树上的那些记号是加密信息。你要按顺序发到群里，从我们在雷击大橡树之后见到的第一个记号开始，到蓬泰科尔沃实验室前看到的最后一个记号为止。

"真是好想法，我怎么就没想到呢？"爱丽莎想。她先用蓝牙把照片从相机上传到手机里，然后发到了群里。

五分钟之后，弗朗切斯科又传了一张照片，他把所有记号都按照他们看到的顺序抄在纸上了：

$$\_\ |\ \mathord{)}\ \mathsf{\gamma}\ \mathord{)}\ \mathsf{C}\ \mathsf{V}\ \mathsf{II}\ \mathord{=}\ \mathsf{L}\ \mathord{\diagdown}\ \mathord{\diagup}\ \mathord{-}\ \mathord{-}\ \mathsf{II}$$

爱丽莎马上开始试图解读这串神秘的符号。

首先闯进她双眼的是那两个像是罗马数字的符号：一个是7，一个是2。这两个符号前各有六个其他符号。两个系列的符号似乎得用两套不同的解码系统。

她又绞尽脑汁想了一个小时，但毫无结果。这时母亲告诉她晚饭做好了，她喊道："两分钟之后就来吃饭！"

可是时间早就过了两分钟，爱丽莎还在试图破解密码，父亲就过来了。

"再有一分钟就好。"爱丽莎说。然后她匆匆吃完饭就又迅速回到自己屋里，对着那串符号冥思苦想。

她列出了十几种猜想，每种都不够完美。她正要放弃任务，这时却突然来了一个灵感。

事情经常是这样，为什么一开始没有清楚地看到这一点呢。

她立即拿起手机，跟另外两个人展示她的发现。

第十九章　直觉准确

彼得罗正在帮母亲准备晚饭，每晚都是如此。他负责切胡萝卜、芹菜和洋葱，准备一起炒。

"你记得我那辆小轮车吗？"

"当然记得！现在还在呢，对吗？就在楼下车库里。"

"我想重新把它收拾出来。"

"你小的时候总在忙着改装那辆自行车，有一天你就不管它了。"

"他们老拿我那辆自行车开玩笑。因为我为了改装它，老去垃圾场捡零件。"

"你为什么从来没和我说过这件事呀？"

"说来话长，改天我给你细讲。总之现在我已经不在乎了，我想让它重新上路，继续我之前已经开始的改装工作。"

"我的小科学家要长大成人了！"母亲摸了摸彼得罗的头发，动作又有活力又充满爱意。

彼得罗就这样和妈妈度过了又一个愉快的晚上，聊了很多事情。此时彼得罗甚至没有被弗朗切斯科和爱丽莎的信息分散注意力。

不过当母亲回屋睡觉之后，彼得罗也和这两位伙伴一样，又开始试图破译那串神秘的符号。

他刚试了一个小时，就看到了爱丽莎的信息：伙伴们，我觉得我有新发现了！我们要是总想着在同一维度上进行解读的话，就得不出什么有用的信息。可是如果我们把两个或者三个符号分成一组，然后再将它们叠加，调整大小，找好位置的话，就能拼成几个字母！前两个符号放在一起就能组成一个 T，后面两个是 R，再后面跟着的是 O，然后得把后面三个拼在一起组成 M，以此类推。最后得到的就是 TROMEATI。这是什么意思？

爱丽莎说得有道理！不可能是巧合。哎，不过 TROMEATI 是什么意思？

他们又转回了起点。不，或许更糟，谜题现在变得更扑朔迷离了。

每次他们有进展的时候，却又有新问题紧跟在后面，调查一点一点进行，事情没有变简单，反而更复杂了！

彼得罗不禁想到他和爱丽莎之间的事也是同样的，跟她的距离走得越近，就好像离她更远。谁知道蓬泰科尔沃是不是在研究的时候也体会到了同样的心情呢。或许在量子计算机研究上有突破性进展的时候，他却遇到了瓶颈。或许正是因为这个原因，而不是其他的原因，他才一走了之。

彼得罗在群里真心夸赞了爱丽莎，然后继续研究这个神秘的字母序列：TROMEATI。

他做的第一件事就是上网搜索了这串字母，显然没有任何结果。

"或许是什么的缩写。"他想。接下来那一晚上余下的时间里他都在寻找以 T-R-O-M-E-A-T-I 开头的单词拼成有意义的句子。他组了二十几个句子，但哪个都不太令人信服。

然后他趴在写字台上睡着了。半个小时之后他醒了，接着挪到了床上。在睡着之前，他拿起手机给爱丽莎发了个信息：晚安。

第二天早上他一睁眼就抓起手机，看弗朗切斯科或者爱丽莎有没有成功破解谜题。

然而什么也没有。不过有一条爱丽莎的信息：早上好！

他给爱丽莎回了信息："你什么都没找到吗？"

"没有。"

"弗朗切斯科呢？"

"也没有，你呢？想到什么了吗？"

"想了好多，但哪个都解释不了这个奇怪单词的意义。"

"你觉得其中暗含着什么？"

"我相信蓬泰科尔沃肯定没把毕生心血付之一炬。我觉得他近期的研究成果也许还在，只是藏在了某处而已。"

"这串文字是表示隐藏的具体地点的？"

"可能是这样。别问我为什么，但我确信那个具体地点就在实验室里，所以我们的时间真的很紧迫。"

"可不是嘛，今天下午老师就要去跟警察报告了。那个实验室就要被贴上封条，到时我们就再也进不去了。"

"但我就是能确定，就在那儿，我们要找的就是那里。那里是问题的心脏，每件事都指向那个地方，每件事都把我们带到那里。"

爱丽莎沉默了几秒钟。

"怎么了？"

"不，没事。"爱丽莎说，声音里似乎有些享受的喜悦，"挺奇怪的吧？"

"什么意思？"

"有时我们相信别人看到的世界和我们看到的一样，但实际上正好相反。我们看待事物的方式和其他人的可以如此不同。"

"你指的是什么？"

"心脏。所有动脉血管都会到达心脏，所有静脉血管都从心脏出发，这可以是两种方式看待问题。你刚才说心脏是所有事情到达的地方，而我想的跟你相反，我认为心脏是所有事情出发的地方。"

这回轮到彼得罗沉默了几秒。

"爱丽莎你真是个天才！"

"我知道，但你为什么现在提起来了？"

"我也不是很确定，但是——"彼得罗从床上跳下来，冲向写字台，拿起那张写着神秘词语的纸。

"爱丽莎，你昨天也给神秘之家的门拍了一张照片，对不对？"

"对……为什么问这个？"

"你能把照片发给我嘛？我想验证一件事。"

"好的，你等一下。"

爱丽莎找到彼得罗要的那张照片，给他发了过去，然后问道："彼得罗，照片传过去了吗？你是不是给我解释一下？"

"收到了，对不起，现在我还不能说，我得先完成一件事，今天下午两点，咱们三个在我家碰面吧。"

"没什么事吧？"

"嗯！记得两点在我家见面哦！我觉得我马上要弄懂了！"

爱丽莎点了点头。

第二十章　一种有趣的无序

两人准时到了，爱丽莎和弗朗切斯科。几小时前两人都曾多次给彼得罗打电话试图联系他，但都是徒劳。彼得罗完全不回电话。

"上来！快上来！"彼得罗通过门禁通话器跟他们说，声音听起来好像在强忍住激动的心情。

"进来，来我房间。"

"你给我们解释一下吧？"

彼得罗给他们展示了一个 U 盘作为他全部的回答，"我等你们一起打开呢。"

"这里面是什么？"

"跟树上的符号有什么关系？"

"好了，现在我跟你们讲。"

他让两个好朋友坐在他床上，然后开始解释起来。

"这个想法是爱丽莎今天早上说的，我将心脏看成是终点，而你将它看成是出发点，你记得么？"

"三小时前才说的，彼得罗。"

"嗯，你让我想到蓬泰科尔沃没有将实验室当作一个终点，而是一个出发点。"

"我们把字母顺序弄反了！"

"就是这样！不应该从大橡树开始念到神秘之家，而是应该倒过来，从神秘之家念到大橡树。"

"所以，"爱丽莎插话说，"单词应该是 ITAEMORT 吧？"

"VITA E MORTE（生与死），一对对立的概念，代表波粒二象性，薛定谔的猫，通往科学进步的两条道路。"

"但是缺了两个字母，V 和 E。"

"正是这样。第一个字母在蓬泰科尔沃实验室的门上，也就是一切的出发点，一切的起始点，你们看这里。"

彼得罗展示爱丽莎在神秘之家门口拍的那张照片。

"两条加固木条，形成了一个 V 字形。"

"好吧，那最后的 E 呢？"

"树上的符号从实验室开始，然后一直延伸到被闪电击中的大橡树那里。这也完美地展示了生与死的对立性。我觉得，如果我们仔细找的话，应该能在大橡树上找到一个刻着的 E，我之前就应该在那里找。"

"你又到那儿去了？自己去的吗？"

"没错。我爬上了大橡树，爬到它被闪电击中分成两半的地方，然后找到了那个字母 E，刻在一个树洞周围。树洞里面还有一个小保险箱，我用力破开了锁，然后找到了这个——"然后彼得罗又给他们看了一下那个 U 盘。

"你自己一个人跑到那里去了！"爱丽莎跟彼得罗悄声说。

"我已经不怕那个地方了。"彼得罗对爱丽莎微笑着说，然后用兴奋异常的声音喊道，"我们还等什么呢？我们把它插到电脑上，我确信里面有蓬泰科尔沃的所有研究，包括他最新取得的研究成果。"

"我们确定要这么做吗？"弗朗切斯科问，这次动摇的人换成他了。

"你想说什么？"

"如果这里真有蓬泰科尔沃的研究的话，如果这些研究当真对量子计算机制造有着深远意义，拉皮埃尔老师告诉过我们这有多危险。这个落到错误的人手里可能引发一场战争！"

"可我们不是错误的人啊！"彼得罗没有多想，话语从他嘴里直冲出来。

"但我们也不是对的人。"

"那谁是对的人？"爱丽莎这时也说话了。

"这是重点。也许不存在对的人。也许我们应该简单点儿，直接扔了这个 U 盘。"

"可连蓬泰科尔沃自己都没扔掉呀！"

"也许他没有这个勇气。那是他毕生的研究成果。但他做不到的事情可以由我们来做。"

"如果以前掌握着青霉素发明的人，因为害怕之后有人会把它用作生物武器而会直接丢弃它吗？"

"你想说什么，彼得罗？"

"你知道我想说什么，弗朗切斯科。对人性阴暗面的恐惧不能阻止事情的前进。不能因为有人会将研究变成武器，就拒绝进行这个新的科学研究。"

"我觉得他说的有道理，"爱丽莎说，"科学研究没有好坏之分。坏人的存在不能成为我们停留在无知中、不继续前进的借口。"

"我们不是要像野兽一样活着，而是要追寻美德与知识……"

这时候家里的门铃响了。三人在房间里听到彼得罗的妈妈开了门："您好，拉皮埃尔老师，真是个惊喜！"

三人顿时呆住了。几秒钟后，老师进了彼得罗的房间。

"老师，您来这儿做什么？"

"我不能让这件事就这么过去，孩子们。这是一项巨大的责任，大得过分了。我对你们三人充满自豪感，但这个不是你们能掌控的事了。这么跟你们说吧，一个成年人，一名科学家，一名可能极大推动某研究领域的专家，选择不将自己的研究成果交付给任何人。正是这个看法，我昨天才到警察局讲了这件事情。"

"我们找到了一个 U 盘。"彼得罗说，语气发软，他本想隐藏秘密，现在坦白了。然后他迅速给老师讲了找到 U 盘的经过。

拉皮埃尔沉默了几秒钟，然后脸上露出满意的微笑："我早知

道你们很能干，但这一切超乎我的预期了！不过就算这样，这件事对 14 岁的孩子来说也太危险了，我们应该拿到——"

彼得罗仅仅犹豫了一瞬间，就马上转身冲到电脑前，迅速插上了 U 盘，然后转身对老师说："老师！我们至少得看看 U 盘里面有什么！"

弗朗切斯科和爱丽莎挡在彼得罗和老师之间，用身体保护着同伴，但拉皮埃尔并没有走上前去。

拉皮埃尔的眼神十分惊讶，紧盯着电脑屏幕。彼得罗的电脑上正在安装一个程序。

屋子里的所有人都凝视着屏幕，然后出现了一个鸭嘴兽的图形。

彼得罗伸出一只手，握住鼠标，在鸭嘴兽的脸上点了一下。程序启动，许多圆圈从鸭嘴兽的脸上一个一个蹦了出来。几秒钟之后，一幅画面出现在屏幕上。

彼得罗几乎惊呆了：就是他，蓬泰科尔沃！眼神还是那么的幽暗，几乎毫无光泽，就像能穿透灵魂、偷走别人心里所有秘密一样。

"您好，请问您是谁？"一个出乎意料的温柔声音从电脑的音箱中传来。

三个少年下意识地为老师腾出了空间。

"呃，您好，我叫拉皮埃尔，是一名科学老师，您是科西莫·蓬泰科尔沃吗？"

"是，当然是我。可您是怎么将我的 U 盘拿到手的？"

拉皮埃尔微笑道："其实跟我没什么关系，是我以前教过的、现在在上理科高中的三名学生找到的！"

蓬泰科尔沃向着摄像头倾了倾身子，看起来似乎就要穿过摄像头过来一样。

"不可能。三个高中生。"

"高中一年级。"拉皮埃尔强调说。

"真不敢相信！！"蓬泰科尔沃爆发出了一阵愉悦的笑声，"我还以为是美国中央情报局或是克格勃的人呢。结果是三名理科高中的高一学生！"

拉皮埃尔再次接过话来："对不起，我打断您一下，或许应该称您为教授？"

"随意，称我为教授也没问题。"这名科学家微笑着回答。

"那就称您为教授好了。您知道城里的警察都在调查您失踪的案件吗？"

"失踪？为什么？"

"哎，您有一天突然就不见人影了，没跟任何人联系。您的邻居好久都没看见您，就跟居委会的管理人员说了，他们检查之后试着联系，这才找到了警方。"

蓬泰科尔沃长长地吁了一口气："他们该管好自己的事情！"

弗朗切斯科下意识地退后了一步。

蓬泰科尔沃继续说："总之，我就在这儿呢，我没被绑架，我只是决定换一种生活，在这里重新开始！"

三名少年和拉皮埃尔老师都被这个简单至极的解释震惊得一时说不出话来。

"我们可以问问您，为什么要留下指向这个 U 盘的记号吗？这 U 盘里的内容是什么？一个通信程序吗？"拉皮埃尔替众人的好奇心开了口。

"就算是吧，"蓬泰科尔沃回答说，"但程序的基础是一个量子算法，我的研究成果之一，这样通信的渠道就会被加密。这通视频通话是无法被追踪的，对话一旦结束程序也会立刻自我销毁。至于为什么留记号，我觉得留下能追踪到我的痕迹很有意思，这是一个小的物理知识谜题，我把它留在了我度过大半生的地方。就像你们已经看到的那样，极不起眼也不太神秘。"

拉皮埃尔示意三个人上前来到摄像头的镜头范围里，让蓬泰科尔沃也能看见他们，然后转向他说：

"那好，现在我向您介绍一下这三名解决了谜题的学生：爱丽莎、彼得罗和弗朗切斯科。"

三个人犹豫地嗫嚅道："您好。"

弗朗切斯科鼓起勇气先开了口，问道："教授您好，为什么您决定要抛弃一切呢？我们知道您正在研究量子计算机，多酷啊！"

蓬泰科尔沃又一次真诚地笑了起来。

"对，确实挺酷的，而且我承认这项研究给我带来了极大的满足感，"他顿了一下，就好像在继续说下去之前要先整理好思路一样，"但是你也看到了，世界上并不只有很酷的东西，最近一段时间，在我决定消失之前，我在想我的这些研究可能带来哪些后果。这并不是一个新问题，科学研究以惊人的速度飞速发展，但人类的道德水平并不总能跟上科学的步伐。这是一个事实，而不是什么需要讨论的事情！我的祖父就是一个典型例子，从他身上能看到这个问题的许多方面！不过我现在不想给你们上历史课。总之，近几年的国际会议跟我以前参加过的不同，许多非科学性的组织也都派人来参加，显然是因为对电子计算领域感兴趣才来的。他们不足以保证我的研究成果能够得到正确的利用。从那以后，我就决定要给我的这一研究画上句号。"

"什么？可是对不起，如果爱因斯坦或者居里夫人，或者其他研究放射性的科学家做出了同样选择的话，那我们现在就不会有核医学、X射线和其他许多技术！我知道他们的研究也催生了原子弹，但也不只有原子弹啊！"爱丽莎忍不住爆发了。

拉皮埃尔用平和的语气插话："爱丽莎这个姑娘有些激动，教授，但我觉得她说的并没有错。研究的自由与作为科学家的职责都是历史上仍未有定论的主题！但我相信科学前进不能因为科学家害怕误用而担责就停下，全社会作为一个整体，应该设法找到阻止科技滥用的预防方法。我认为科学家的一部分工作应该就是要促进这些防御机制，就像爱因斯坦做的那样。"

"您说得有道理，"蓬泰科尔沃回答说，"但您应该也能理解这个问题着实复杂，如今我的选择是暂停我的研究。我强调，是暂停研究，而不是全部毁掉！"

"您看，这不是一个简单的抉择，"蓬泰科尔沃接着说，"但并不意味着这就是最终决定！像他们一样的少年是未来的希望之光，他们有智慧，有自己的见解，而且能不畏权威地展示自己的想法！我真的十分高兴能够接到你们的电话，但现在我该走了！"

彼得罗是唯一一个还没开口说话的。尽管蓬泰科尔沃语气沉着又柔和，尽管他被镶在屏幕里出不来，彼得罗还是感觉到脊背一阵寒意，就像多年前第一次在森林里见到他时那样。

"教授，蓬泰科尔沃教授！"彼得罗终于对着屏幕开口了，"我和您以前就遇到过一次，六年前，一个小孩曾经闯进您的神秘之家，您还记得吗？"

"哦，当然啦！"蓬泰科尔沃不禁大笑起来，"是你啊！你当时被我吓得一溜烟就跑了！我真高兴我们又见面了。要是给你留下不好的回忆的话，我很抱歉。"

"除了回忆之外，也留下了一点执念。您当时说的话让我吓呆了：'你可能被传染。'现在我终于能问您了，这句话是什么意思？"

蓬泰科尔沃叹了口气说道："我只想赶你走，让你别再回来了。当时我一直受那些想法困扰，生怕最后我会做出错误的决定，我不想有别人窥探到我的研究。我承认当时用的方法太生硬了。"然后他又一次微笑了："我向你道歉。"

彼得罗有点难以置信，但也同时松了一口气，终于不紧张了。"的确，这个方法起效了，甚至效果有点儿太好了。"然后两人都笑了笑。

"我原谅您，教授。我还想知道您现在准备去哪里。"

弗朗切斯科也应和道："是呀，教授！要是有人真的掌握了您的研究怎么办？"

蓬泰科尔沃点了点头说："我也想过这个，不过不用担心，我花了好长时间才做出了今天的选择，也花了很长的时间来安排好每一件事，你们放心吧，孩子们，我的研究成果都不会丢，只要等到一个合适的时间，我就会准备好向世界公布了！"

"太好了，为自己的研究做出最正确的选择！"拉皮埃尔总结道，"我们尊重您的选择，也很高兴您平安无事。知道您不会放弃让我们十分欣慰。感谢您为我们付出的时间，祝您一切顺利！"

拉皮埃尔说完这些之后，蓬泰科尔沃以微笑的表情向他们道别并消失在了屏幕上，鸭嘴兽的图标也逐渐淡去直到消失。老师试着检查通话程序是否留下什么痕迹，但什么也没找到，就像蓬泰科尔沃说的那样。

弗朗切斯科则开始挥舞拳头，就像足球明星进球了一样："就是这样！我们做到了！我们找到他了！我们比警察还先解决问题了！"然后他又补充道："现在只剩一件不明白的事了：那天我们在地下室的时候，是谁试图闯进实验室来呢？"

拉皮埃尔微笑着看着他们，十分享受这种看到自己学生长大了的感受。

他想，正是这一点让他热爱自己的教师事业，接着回答了弗朗切斯科的问题："其实这已经不是个谜了。"

三双好奇的眼睛直勾勾地盯着老师的脸。

"我觉得应该是政府派来的人吧！"老师解答说，"我收集了神秘之家的信息，发现那并不是蓬泰科尔沃家的私有财产，而是一个很多年前就去世的人的房子。所以神秘之家应该归政府，归公共管理部门，市长也跟我说过，他们会派专员去调查那个地方。我找市长谈话是因为——"

"您是告发我们了吗，老师？"

"不是。我与市长面谈是为了跟他讨论一个他可能很感兴趣的项目，具体内容还有待敲定。"

"什么项目？"三人异口同声地问。

　　　　　　　量子谜团大冒险

"我想创办一个科学爱好者协会。"

"我参加！"三人异口同声地说。

爱丽莎这回也毫无保留地表达了自己的热情，这已经是她第二次参与到科学相关的事件里了，如今已经完全得心应手了。

"我自然想到了你们。当然，我需要一个创建者团队来帮我，还有几个成年人来筹备资金。"

彼得罗望着爱丽莎和弗朗切斯科的眼睛说："该是时候重新聚齐我们的老队员了！"

附录　深入知识版块

双缝实验和量子力学中波粒二象性的解释

　　我们假设有一个屏幕，上面开了两道缝隙，然后我们要观察粒子在通过缝隙的时候会发生什么。屏幕的后方是另一块大小相等的屏幕。现在可以简单地将粒子想象成一些很小很小的球，然后我们手上有一把机关枪，可以将无限多的小球射向有两道缝隙的屏幕。我们应该想象这时会发生什么？

　　并不是所有的小球都能通过两道缝隙，不能通过的就会反弹回来，而成功通过的则会继续向前运动，直到撞击到后面一块屏幕上，留下痕迹。我们射出的子弹越多，能够通过缝隙的就越多，后面一块屏幕上留下的痕迹也就越多，痕迹叠加起来应该就会大致对应两道缝隙的位置。

　　右边的图 1 代表的就是上述情况，子弹留下的痕迹沿两个平行的条带分布。

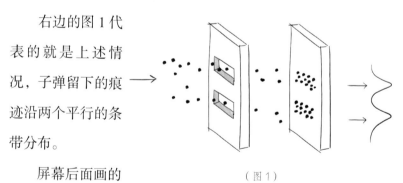

（图 1）

　　屏幕后面画的曲线上可以看到两个峰值，分别对应着两个条带。这个曲线叫作亮度曲线，让我们看到小球撞击到这两个区域的概率最大。

如果我们重复这个实验，但这次是将沙粒倒在一个有缝隙的平面上，然后落到另一个平行的平面上，我们会得到十分类似的结果：下面的屏幕上会出现两个沙堆，还是顺着缝隙的位置分布，如图 2 所示。

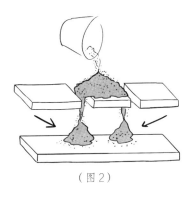

（图 2）

好，我们看到了当粒子试图穿越屏幕时会发生的情况。现在我们想知道的是，如果我们将同样的实验运用于波而非粒子时会发生什么。

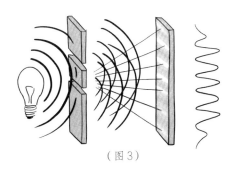

（图 3）

图 3 代表的是灯泡发出的光波。光波到达第一块屏幕时受到阻碍，在穿过两道缝隙的同时又制造出新的光波，新光波从两道缝隙之后开始传播。当多重新光波相遇时，会彼此互相干涉：一个波峰与另一个波峰相遇我们就会得到一个双倍高（双倍强度）的新波形，而一个波峰遇到另一个波谷时总和便为零，我们就会得到一个平波。这个现象叫作干涉，是波特有的性质之一。

所以，在第二道屏幕上，我们能观察到明亮的条带和暗淡的条带交互出现的结果，明亮的条带对应着光波强度的峰值（即光很强），而暗淡的条带则对应着光波强度最弱（光很弱甚至没有光）。因此我们说明暗交替的光带是光波相互干涉造成的结果。再进一步讲，当我们看到类似的图像时，我们可以确定地说这一定和波有关，因为只有波会相互干涉。干涉的图形就像是一种波的指纹一样。

另一方面，粒子则不会干涉，因为它们要么穿过一个缝隙，要么穿过另一个，不会同时穿过两个，像波一样。观察我们的实验结果，我们可以判定光是一种波，因为它形成了干涉图形。

所有这些似乎都很合理。粒子有一种行为模式，波则有另一种行为模式。然而，20 世纪初期的一些实验却似乎表明光实际上是由粒子构成的。有意思的是，这个明显的悖论早在几世纪前就被牛顿预言到了：他说光是由一种叫光子的粒子构成的，这种光子是能量粒子，没有质量。

因此我们可以试图想象，如果我们真的从光子的概念出发进行双缝实验会出现什么结果。这一实验如今已经可以实现，比如在实验室中运用一种低强度的激光，每次可以对着屏幕射出一个光子，然后在它通过缝隙之后在第二道屏幕上进行观测。

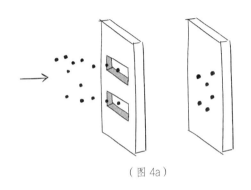

（图 4a）

这样一来，我们就会得到图 4a 所示的情况，在第二道屏幕上我们看到一些光点（即光子）大致随机地分布在第二道屏幕上。如果我们继续进行试验，第二道屏幕上的光点就会越来越多，然后我们就能开始辨识出一种有规律的分布（图 4b），接着逐渐地形成一种清晰的、典型的波的干涉图形（图 4c）。

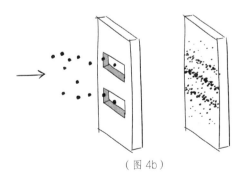

（图 4b）

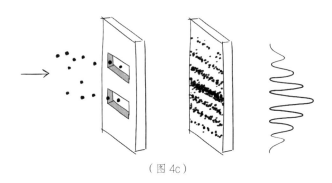

（图 4c）

　　如果我们的实验对象是一些"普通的"粒子的话，那我们的结果应该仅仅是对应着两道缝隙的两条明亮的光带而已，就像用小球和沙粒做的实验结果相同，但现在我们却得出了波特有的干涉图形。这怎么可能呢？我们的确看到单个光子撞击屏幕，和其他粒子一样。我们也的确看到光子作为光的粒子会在屏幕上留下一个点。所以机关藏在哪儿呢？逻辑告诉我们，如果光子是一种粒子，那它就不能是一种波；如果光子是一种波，那它就不能是一种粒子。可是实际上实验结果表明，光似乎同时具有这两种不同的属性，既是波，又是粒子……所以它究竟是什么？

　　为了能更好地理解这个问题，我们只能重复实验，同时更加近距离地观测光子，以便检测它们通过的是上面的缝隙还是下面的缝隙。为了做到这一点，我们只需要在其中一道缝隙的边缘装一个感应器就可以了：如果感应器亮起，说明光子通过了该缝隙，而反之则说明光子通过了另外一道缝隙。这回不会再被骗到了！

所以我们重复刚才的实验。本来结果不应该有任何变化，但实际上……如果我们开启感应器，我们刚刚观测到的干涉图形就会消失，屏幕上只有两条简单的光带，对应着两道缝隙（图 4d），也就是当我们假设光子是粒子时会出现的情况！

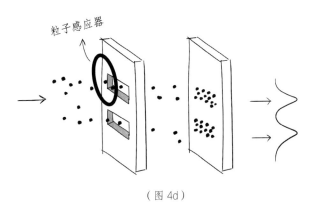

（图 4d）

当我们关闭感应器之后再重新重复实验，则又会得到干涉图形的结果，和图 4c 一样。

对这种明显荒谬的结果我们可以做如下解释：光的本质同时既是波又是粒子，因此实验能让我们同时观察到两种不同的结果。可是，加装感应器就会扰乱我们的系统，迫使光呈现出粒子的性质。

这项实验对于量子力学来说具有重大意义，因为我们能从中看到量子力学的本质。用费曼的话说就是，"量子力学的全部都包含在这个实验之中"。

拉皮埃尔老师关于量子计算机和量子比特的解释

信息科学中的一个基本单位是经典的"比特",即一个可以用来表示两个完全不同的值的系统,这两个值用"0"和"1"来表示。计算机能够运作就是因为一切都可以用 0 和 1 的数列来表示,包括数字、字母、音乐、图像和视频等。计算机中的所有可能出现的数据都是以 0 和 1 组成的数列进行存储和加工的。

我们可以尝试用二进制编码来表示数字 19,

首先用 19 除以 2,然后得到余数。

$$19 \div 2 = 9 \text{ 余 } 1$$

现在我们来考虑商,这里得出商是 9,我们再用 9 除以 2,然后重复这种操作,直到最后一次除法得到的商是 0。

$$9 \div 2 = 4 \text{ 余 } 1$$

$$4 \div 2 = 2 \text{ 余 } 0$$

$$2 \div 2 = 1 \text{ 余 } 0$$

$$1 \div 2 = 0 \text{ 余 } 1$$

现在我们就可以开始写数字 19 的二进制编码了。方法很简单,只需要从最后一次得到的余数开始,也就是 1 除以 2 得到的余数 1 开始,写到第一次的 19 除以 2 的余数。

$$19 \rightarrow 10011$$

因此,每个数字都可以写成由 0 和 1 构成的序列,但不只是数字，每一条信息，比如词语、音乐等，都可以翻译成这种二进制语言，也就是计算机能理解和输出的语言。

现在，为了能更好理解量子力学如何在这个问题上起到作用，我们可以想象用一枚硬币做最经典的猜正反游戏：正面代表1［我们称为"状态（1）"］，反面则代表0［称之为"状态（0）"］。比特可以具有两种不同的值（或态）。

接着我们想象将这枚硬币竖直立在桌子上，然后用食指快速弹一下硬币，让它快速旋转起来。

硬币一开始转动起来，我就不知道它最后会是正面（1）朝上还是背面（0）朝上，它会以两者其中之一的状态停止转动。只要我不去观测它，也就是直到我让硬币停止转动位置，我都不知道它最终会呈现哪个值。这个例子中，"旋转的"硬币就是"量子"版本的硬币，处于一种（用专业术语来说）状态（1）和状态（0）的叠加态。

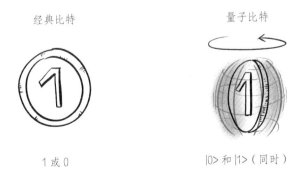

经典比特　　　　　　　　　　　量子比特

1 或 0　　　　　　　　　|0> 和 |1>（同时）

这种解释让我们联想到第 10 章中讨论过的薛定谔的猫：直

到打开盒子并观察其状态，这只猫就会同时既是活的又是死的，就像旋转中的硬币一样，只要不以某一面朝上而停下，它就同时既是正面朝上又是背面朝上。在量子力学中，这个现象被称作"叠加原理"。

现在我们再加一些有趣的东西进来。我们想象同时让两枚硬币转动，这两枚硬币会同时创造出四种可能组合：(0)(0)，(0)(1)，(1)(0)，(1)(1)。两枚硬币，四种可能的值，或者"态"。使用经典硬币的话，我们需要4枚硬币才能得到4个不同的态。

顺着这种逻辑继续想，3枚量子硬币就会生成8种不同的组合，4枚16种，以此类推。

100枚量子硬币同时能具有2^{100}个值，100枚经典硬币就只能有100个。这就揭示了为什么量子计算机可以有如此吸引人的前景。一台量子计算机的基本信息单位不是经典比特，而是量子比特（Qubit），即"量子（Quantum）"和"比特（bit）"的合成词。

就像比特一样，量子比特也是二值的，它的两种态也是被简单地写成|0>和|1>，和我们刚讲过的二进制相近。不过经典比特只能具有两种值的其中之一，要么是"0"要么是"1"。量子比特则不一样，基于叠加原理，它可以是|0>态、|1>态，或是处于无穷种包括两态叠加的状态之中。这一点就为量子计算机带来许多深远的影响。

量子计算机的最著名的应用领域之一就是密码学，也就是关于加密的技术，即将信息对所有人隐藏起来，只有拥有密钥的人才可以对其进行解密。

以下面一句加密的话为例："Puoehollie, pehiglou?"

自然这样看起来这句话完全没意义。但如果我们拥有密钥，也就是可以进行字母转换的规则的话，一切就变得清晰了。

A B C D E F G H I L M N O P Q R S T U V Z

O D P Q I T R V U S H Z E F B M G L A N C

要解密这条信息只需找到每个字母在第二行中的位置，然后将其替换成第一行的字母就行了，所以我们解密的结果就是："Ciao Matteo, come stai?（马泰奥你好，你怎么样？）"

当然了，信息需要的保密程度越高，密钥就要越复杂，这样对于想要非法解密的人来说结果才更难破译。如果只想给直接相关的人传达一条加密信息，那就需要对方不仅得到信息，还要得到密钥。因此如果间谍能够将密钥拿到手，那他就一定能理解信息。从一方面来说，加密的人既要创造一个极难解密的密钥，又要保证以安全的方式将密钥传达给合法的信息获取者。

利用计算机的强大计算能力，我们有许多方法可以轻易破解加密信息，但就算是计算机也有其计算极限。特别是一项看起来极为普通的数学操作，我们在中学就学过，但对于普通计算机来说却极难完成：分解质因数，也就是将一个数字写成多个质数乘积的操作。比如下面几例：

$$15 = 3 \times 5$$

$$24 = 2 \times 2 \times 2 \times 3$$

$$105 = 3 \times 5 \times 7$$

如果我们想将非常大的数字分解成质因数乘积的话，显然就变得更复杂了。假设下面这个数：

29587291113297193573924713290571309857230985723049857230989270960512209748239581375927352055……

显然我们不会幻想只用纸笔就能把它分解，就算是用计算器也实现不了。出人意料的是，面对这种问题其实连普通计算机也会遇到困难，比如分解一个 400 位的数字大概要花上几百万年的时间。这是因为一台普通计算机并没有真正的智能可以主动寻找质因数，它只是不断尝试每一种可能的结果，而且每次只能试一种。

因此，科学家决定利用计算机的这种弱点来为信息加密，加密方法就是分解质因数这类的操作。所有军事信息、银行账户信息，以及广义上的受保护数据的安全基础都是建立在不论多么强大的计算机都不能分解大数质因数这一点上的。与之相反，量子计算机以量子比特为单位，能够同时进行大量的操作（因为量子比特是 |0> 和 |1> 的结合），将经典计算机不可能解决的问题轻松破解。要为之前例子中的大数分解质因数的话，一台量子计算机"只"要花上几年的功夫。

量子谜团大冒险

再举一例：如果我们在一本有几百万页的书的某一页上写一个 X，然后让一台经典计算机和一台量子计算机去找到这个 X。经典计算机需要翻找这本书的每一页（就像分解质因数时那样），因此要花上很多时间。一台量子计算机则会利用量子比特的量子叠加，同时分析所有书页，在几秒钟之内就能找到 X 记号。

这还不是全部。除了应用这种潜力巨大的计算能力之外，与经典计算机相比，量子计算机还在信息传递安全方面表现出极大的优势。利用量子力学的特性，一旦有间谍试图非法破解加密信息，原信息都会被更改。这样一来，信息的发信人和收信人都能及时意识到信息是否被截取，及时采取应对措施。所以量子计算机可以完全保证信息传递的安全性。

图书在版编目（CIP）数据

量子谜团大冒险 /（意）里卡多·波希西奥等著；孙阳雨译. —长沙：湖南科学技术出版社，2023.6
ISBN 978-7-5710-2114-6

Ⅰ.①量… Ⅱ.①里… ②孙… Ⅲ.①量子—青少年读物 Ⅳ.① O4-49

中国国家版本馆 CIP 数据核字（2023）第 053578 号

© Scienza Express edizioni, Trieste
Prima edizione in *scienza junior* aprile 2021
Riccardo Bosisio, Tommaso Corti, Luca Galoppo, Matteo Tagliabue
Quanti e misteri

Quest'opera è stata tradotta con il contributo del Centro per il libro
e la lettura del Ministero della Cultura italiano。

湖南科学技术出版社获得本书中文简体版独家出版发行权。由意大利文化部资助翻译。

著作权合同登记号 18-2022-107

LIANGZI MITUAN DAMAOXIAN
量子谜团大冒险

著者
[意]里卡多·波希西奥 [意]托马索·科尔提
[意]卢卡·加洛普 [意]马泰奥·塔里亚布维
译者
孙阳雨
科学审校
方弦
出版人
潘晓山
责任编辑
杨波
出版发行
湖南科学技术出版社
社址
长沙市芙蓉中路一段 416 号泊富国际金融中心
http://www.hnstp.com
湖南科学技术出版社
天猫旗舰店网址
http://hnkjcbs.tmall.com

印刷
湖南省汇昌印务有限公司
厂址
长沙市望城区丁字湾街道兴城社区
版次
2023 年 6 月第 1 版
印次
2023 年 6 月第 1 次印刷
开本
880mm×1230mm 1/32
印张
4.25
字数
76 千字
书号
ISBN 978-7-5710-2114-6
定价
35.00 元